电子电气信息类专业系列教材

<<<<

>>>> 郭业才 左官芳 编著

微机原理与单片机技术实验教程

江苏大学出版社
JIANGSU UNIVERSITY PRESS

镇 江

>>>>

图书在版编目(CIP)数据

微机原理与单片机技术实验教程 / 郭业才,左官芳
编著. — 镇江:江苏大学出版社,2020.9(2022.8 重印)
ISBN 978-7-5684-1207-0

Ⅰ.①微… Ⅱ.①郭… ②左… Ⅲ.①单片微型计算
机-实验-高等学校-教材 Ⅳ.①TP368.1-33

中国版本图书馆 CIP 数据核字(2020)第 105811 号

微机原理与单片机技术实验教程
Weiji Yuanli yu Danpianji Jishu Shiyan Jiaocheng

编　　著/郭业才　左官芳
责任编辑/徐　婷
出版发行/江苏大学出版社
地　　址/江苏省镇江市京口区学府路 301 号(邮编:212013)
电　　话/0511-84446464(传真)
网　　址/http://press.ujs.edu.cn
排　　版/镇江市江东印刷有限责任公司
印　　刷/江苏凤凰数码印务有限公司
开　　本/787 mm×1 092 mm　1/16
印　　张/15
字　　数/400 千字
版　　次/2020 年 9 月第 1 版
印　　次/2022 年 8 月第 2 次印刷
书　　号/ISBN 978-7-5684-1207-0
定　　价/50.00 元

如有印装质量问题请与本社营销部联系(电话:0511-84440882)

前　言

　　本书遵循培养德智体美劳全面发展的社会主义建设者和接班人这一总目标，参照教育部高等学校教学指导委员会编写的《普通高等学校本科专业类教学质量国家标准》（高等教育出版社，2018），结合目前微机原理、单片机技术等课程教学的基本要求而编写。

　　本书是"微机原理与接口技术""微机原理与单片机技术""单片机原理及应用"等课程的实验教材。全书共分两篇，第一篇是微机原理与接口实验，包括 8086/8088 系列；第二篇是单片机实验，包括 MCS - 51 系列和 MSP430 系列。实验内容包括：微机原理与接口核心板及其开发环境建立、单片机核心板及其开发环境建立、基础性实验、应用性实验及拓展性实验、纯软件实验和硬件实验等。

　　本书将实验教学内容贯穿于既训练学生基本技能又培养学生工程能力、综合能力和创新能力的整个过程中，具有以下特点：

　　（1）基础性与实用性结合。从实验所需硬件及其开发环境建立开始，再按认识实验、基础实验、拓展实验、应用性实验顺序开展实验，形成了实验内容进阶式递升，有利于逐步提升学生的实践能力、培养学生的创新思维能力。

　　（2）纯软件实验与硬件实验结合。纯软件实验，能帮助学生认识进行纯软件实验所需的实验环境与条件，了解数据在内存中存放及调试汇编语言程序的方法。硬件实验，包括微机原理或单片机内部功能单元的实验及扩展接口的实验，实验中所需程序均用汇编语言或 C 语言编写。在内容安排上，先软件实验后硬件实验，这有助于学生对实验环境和条件的认识，有利于训练学生的基本实践能力，培养学生的基本分析问题、解决问题能力。

　　（3）层次性和选择性结合。实验内容层次明显，实验项目难度逐渐提升，实验内容逐渐拓展，适应面宽，针对性强，便于教师根据教学大纲做出合理取舍，因需选择，因材施教。每个层次实验项目都有可选择的空间，能满足不同层次的教学要求。

　　本书由郭业才教授编写、统稿与定稿，左官芳副教授对微机原理实验内容的部分程序进行了调试。本书在编写过程中，王新蕾、宋磊等同志也给予了一定的帮助。本书的出版得到了 2019 年江苏高校一流本科专业（电子信息工程，No. 289）建设项目、2019年无锡市信息技术（物联网）扶持资金（第三批）扶持项目即高等院校物联网专业新设奖励项目（通信工程，No. D51）及南京信息工程大学滨江学院教学研究与改革项目（No. JGZDA201902）的支持，同时还得到了江苏大学出版社的鼎力相助。在此表示衷心感谢！

由于作者水平有限，书中难免会有一些错误和不足之处，恳请读者提出宝贵意见。

目 录

第二篇　MCS-51 与 MSP430 系列单片机实验

第一篇

8086/8088系列 微机原理与接口实验

第 1 章

微机原理资源与开发环境

1.1 微机原理硬件资源

1. 微机原理核心板

微机原理核心板全面支持 8086/8088 微机原理与接口扩展技术的教学实验,为微机原理与接口技术在教学中的运用构建了一个全开放、可开发、易拓展的实验环境。核心板面板布局如图 1.1.1 所示。

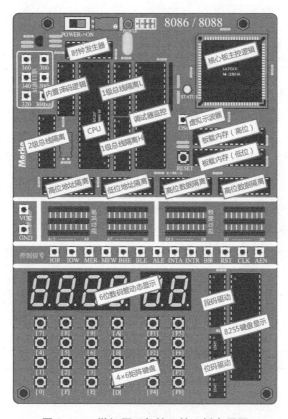

图 1.1.1 微机原理与接口核心板布局图

2. 资源分配

核心板资源分配见表 1.1.1 和表 1.1.2。

表 1.1.1　核心板存储器空间资源分配

段地址	寻址范围	寻址目标
0000H ~ E000H	0000H ~ 1FFFH	用户工作区
0000H ~ E000H	2000H ~ FFFFH	用户扩展区
F000H	0000H ~ FFFFH	BIOS 监控区，用户程序可以调用其功能，但不可进行读写操作

表 1.1.2　核心板 I/O 空间资源分配

地址	寻址目标	说明
0000H ~ 02CFH	I/O 扩展区	系统未占用，该范围可由用户定义
02DCH ~ 02DFH	板载 8255 地址	由系统定义，用户可以使用该资源，但不可更改其端口地址
0300H ~ 03FFH	端口译码区	系统未占用，该范围可由用户选择性定义
0400H ~ FFFFH	I/O 扩展区	系统未占用，该范围可由用户定义

3. 状态指示

核心板设有双色状态指示灯，它映射着系统的当前工作状态。

（1）初始待令状态

① 在上电或复位后状态指示为绿灯，表示系统初始化成功并进入联机待令状态。

② 在上电或复位后状态指示为红灯，表示 8086/8088 初始化失败，应关闭电源并报修。

③ 在上电或复位后状态指示灯不亮，表示监控程序初始化失败，应关闭电源并报修。

（2）程序运行状态

① 在装载完用户程序并开始运行时状态指示为红灯闪烁，表示程序正在运行。

② 在程序运行时状态指示为红色常亮，表示程序在调用 INT 21H 功能等待用户键盘输入。

4. 控制信号

核心板控制信号见表 1.1.3。

表 1.1.3　核心板控制信号

控制信号名称	控制信号说明
IOR	I/O 读控制信号，低电平有效
IOW	I/O 写控制信号，低电平有效

控制信号名称	控制信号说明
MER	存储器扩展读选通信号，低电平有效
MEW	存储器扩展写选通信号，低电平有效
BHE	奇字节允许控制信号，低电平有效
BLE	偶字节允许控制信号，低电平有效
ALE	地址锁存控制信号，下降沿有效
INTA	中断响应控制输出端，低电平有效
INTR	IRQ0～IRQ7 中断请求输入端，高电平有效
BS8	总线宽度选择信号，低电平有效。当 BS8 为高电平（缺省状态）时，为 16 位存储器和 8 位 I/O；当 BS8 为低电平时，为 8 位存储器和 16 位 I/O
RST	复位控制信号，高电平有效
CLK	系统 8284 提供的 PCLK 时钟信号
AEN	DMA 请求输入端，低电平有效

5. 端口地址

端口地址单元向用户提供简化连接的 I/O 地址，详见表 1.1.4。

表 1.1.4　核心板端口地址

端口地址	功能说明	适用对象
2DC	板载 8255 PA 地址	板载 8255
2DD	板载 8255 PB 地址	
2DE	板载 8255 PC 地址	
2DF	板载 8255 控制口地址	
300	低电平有效的片选控制信号	常规接口器件
300IN	带 300 译码选通的"读"控制信号	244 缓冲输入
300OUT	带 300 译码选通的"写"控制信号	273 锁存输出
320	低电平有效的片选控制信号	常规接口器件
340	低电平有效的片选控制信号	常规接口器件
360	在 360 译码选通的"读"或"写"周期输出高电平的控制信号	液晶显示模块

端口地址产生的原理如图 1.1.2 所示。

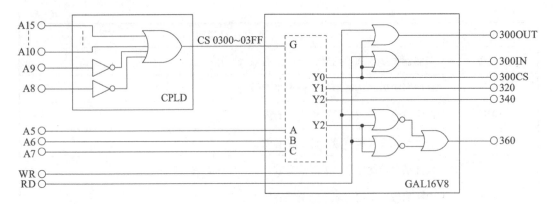

图 1.1.2　端口地址产生原理图

6. 虚拟示波器

系统集成了虚拟示波器功能，可测量在实验过程中产生的模拟及数字信号，支持波形与电压的显示、X/Y 缩放、保存波形。

7. 数码管定义

（1）数码管段码

数码管段码定义如图 1.1.3 所示。

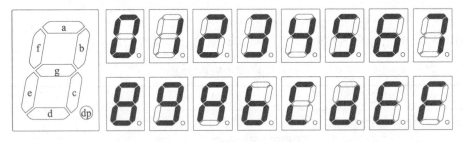

图 1.1.3　数码管常用字形

（2）数码管位码

数码管位码如图 1.1.4 所示。

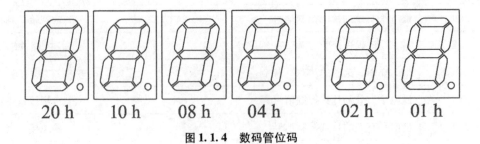

图 1.1.4　数码管位码

（3）数码管常用字形表

数码管常用字形表见表 1.1.5。

表 1.1.5　数码管常用字形表

字形	dp	g	f	e	d	c	b	a	字模	字形	dp	g	f	e	d	c	b	a	字模
0	1	1	0	0	0	0	0	0	C0H	8	1	0	0	0	0	0	0	0	80H
1	1	1	1	1	1	0	0	1	F9H	9	1	0	0	1	0	0	0	0	90H
2	1	0	1	0	0	1	0	0	A4H	A	1	0	0	0	1	0	0	0	88H
3	1	0	1	1	0	0	0	0	B0H	B	1	0	0	0	0	0	1	1	83H
4	1	0	0	1	1	0	0	1	99H	C	1	1	0	0	0	1	1	0	C6H
5	1	0	0	1	0	0	1	0	92H	D	1	0	1	0	0	0	0	1	A1H
6	1	0	0	0	0	0	1	0	82H	E	1	0	0	0	0	1	1	0	86H
7	1	1	1	1	1	0	0	0	F8H	F	1	0	0	0	1	1	1	0	8EH
P.	0	0	0	0	1	1	0	0	0CH		1	1	1	1	1	1	1	1	FFH

8. 键盘布局及其物理键值

核心板键盘的键名、物理键值（左）和查表键值（注：查表键值以系统自带的检测程序为例，用户可在程序中重新定义查表键值），见表 1.1.6。

表 1.1.6　矩阵键盘的物理键值与查表键值

7 1Dh/07h	8 1Ch/08h	9 1Bh/09h	A 1Ah/0Ah	F1 19h/10h	F5 18h/14h
4 15h/04h	5 14h/05h	6 13h/06h	B 12h/0Bh	F2 11h/11h	F6 10h/15h
1 0Dh/01h	2 0Ch/02h	3 0Bh/03h	C 0Ah/0Ch	F3 09h/12h	F7 08h/16h
0 05h/00h	F 04h/0Fh	E 03h/0Eh	D 02h/0Dh	F4 01h/13h	F8 00h/17h

1.2　微机原理开发环境的建立

1.2.1　安装 MKStudio 集成开发环境

MKStudio 是微机原理与接口集成开发环境，支持 MASM、TASM 汇编器、Borland Turbo C/C++ 编译器，内嵌 DOS 虚拟机，可在 Windows XP/7/8/10（x86 & x64）系统

上直接编译，支持常用的 INT 21 功能调用，支持 16 位汇编、32 位汇编、C 语言源程序调试，并可进行硬件联机调试和软件脱机模拟，既可用于微机原理与接口的实验开发与调试，也可脱离硬件用于汇编语言的教学。MKStudio 安装步骤如下：

（1）运行 MKStudio 安装程序（双击 MKStudioSetup. exe），开始进入安装向导（见图 1.2.1），单击"下一步"继续。

图 1. 2. 1　进入 MKStudio 安装向导

（2）在许可协议页面选中"我同意许可协议中的条款"，单击"下一步"继续（见图 1.2.2）。

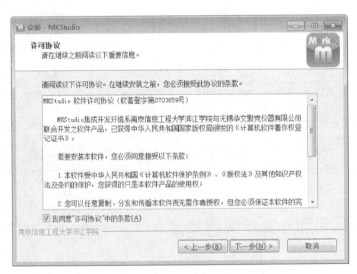

图 1. 2. 2　许可协议页面

（3）在选择目标位置页面可设置安装路径（见图 1.2.3），这里建议使用默认路径 C：\ MKStudio，单击"下一步"继续。

图 1.2.3　设置安装路径

（4）在选择附加任务时，默认勾选创建桌面图标（见图 1.2.4），单击"下一步"继续。

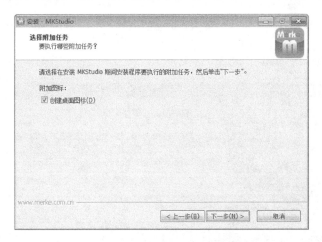

图 1.2.4　选择附加任务

（5）确认安装选项准备安装（见图 1.2.5），如用户无须修改选项，可单击"安装"。

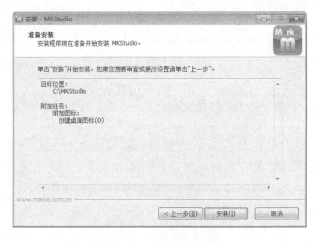

图 1.2.5　软件正在安装

（6）软件正在安装（见图1.2.6）。

图 1.2.6　正在安装

（7）安装完成后，单击"完成"（见图1.2.7）。

图 1.2.7　完成安装

1.2.2　安装 USB 虚拟串口驱动程序

（1）系统采用 CP2102 作为 8086/8088 硬件系统与 MKStudio 软件联机调试的 USB 虚拟串口芯片，初次安装驱动程序须断开设备的 USB 连接或关闭核心板电源。请在 32 位系统上运行 CP210xVCPInstaller_x86.exe，在 64 位系统上运行 CP210xVCPInstaller_x64.exe，运行安装程序后进入如图1.2.8 所示对话框。

图 1.2.8　准备安装 USB 虚拟串口驱动程序

（2）在欢迎对话框单击"下一步"，显示许可协议对话框（见图 1.2.9）。在这里单击"我接受这个协议"单选框。

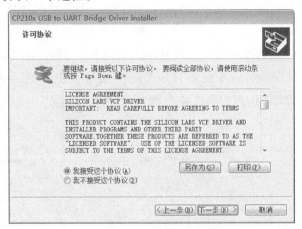

图 1.2.9　许可协议对话框

（3）在许可协议对话框单击"下一步"即开始安装（见图 1.2.10）。

图 1.2.10　正在安装 CP2102 驱动程序

（4）安装结束后显示完成信息（见图1.2.11），单击"完成"可结束安装。

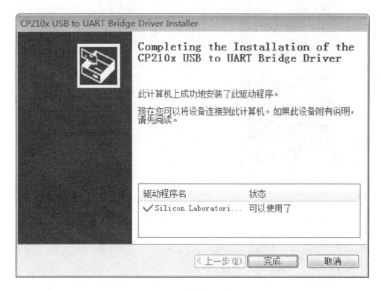

图 1.2.11 完成安装

（5）此时，用 USB 电缆连接核心板并打开其电源，Windows 系统发现新硬件并为其适配驱动程序，可在 Windows 设备管理器的"端口"下看到新安装的串口（见图1.2.12）。本例中 CP2102 虚拟的串口是 COM3（串口号不固定，视计算机软硬件环境而定）。

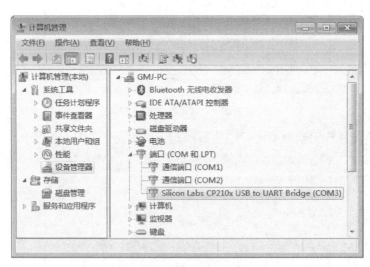

图 1.2.12 设备管理器的新端口

至此，微机原理与接口的开发环境已建立完毕。从第 2 章开始，将以实验为例，编写并调试程序，由此熟悉 MKStudio 开发环境的基本使用。

第 2 章

微机原理及其程序设计实验

实验2.1　系统认识实验

【实验目的】

学习 MKStudio 软件的基本操作，熟悉汇编语言程序的编写与调试步骤。

【实验设备】

PC 计算机　　　　　　1 台

【实验内容与步骤】

编写程序，将 80H ~ 8FH 这 16 个数写入数据段 0000H 偏移地址开始的 16 个内存单元。

（1）运行 MKStudio 软件，进入集成开发环境。在首次运行或检测不到实验系统硬件时会弹出设置通信端口对话框，如图 2.1.1 所示。本章实验仅涉及算法，并未涉及硬件接口，所以选择"软件脱机模拟"，单击"完成"进入 MKStudio 主界面，状态栏显示红色的"脱机模拟"。

图 2.1.1　设置通信端口对话框

（2）根据程序设计使用指令的不同，单击菜单栏"设置"→"设置工作方式"项打开对话框，如图 2.1.2 所示。对于目标 CPU 型号，因本章实验仅使用 16 位汇编，所以选择"8086/8088"，以使寄存器窗口采用 16 位方式显示；对于编译器的选择，建议选用 TASM 汇编器，TASM 兼容 MASM 的所有语法规则，并支持一些新的语法，还允许使用"@"作为临时的标识符；建议不选"装载后保留生成的代码"，因为装载完成后，生成的 . obj/. exe/. lst 等文件不再继续使用，如用户需要分析这些文件可勾选；建议不选"装载后开启反汇编窗口"，因为对初学者来说，源程序比反汇编具有更高的可读性。

图 2.1.2　设置工作方式对话框

（3）工作方式设置完毕后，单击菜单栏"文件"→"新建"项或按 Ctrl + N 组合键（建议单击工具栏" "按钮）新建一个文件，会出现一个空白的文件编辑窗口。

（4）在新窗口中输入程序代码；2 - 1. ASM：

```
DATA      SEGMENT
          DB 16 DUP（?）              ；申请缓冲区
DATA      ENDS
CODE      SEGMENT
          ASSUME CS：CODE，DS：DATA
START     PROC NEAR
          MOV AX，DATA
          MOV DS，AX
          MOV AL，80H
          MOV SI，0000H              ；建立数据起始地址
          MOV CX，16                 ；循环次数
MLOOP：   MOV［SI］，AL
          INC SI                    ；地址自加 1
          INC AL                    ；数据自加 1
          LOOP MLOOP
```

```
                MOV AH，4CH
                INT 21H                          ；程序退出
        START   ENDP
        CODE    ENDS
                END START
```

（5）单击菜单栏"文件"→"保存"项或按 Ctrl + S 组合键（建议单击工具栏
" ▣ "按钮）保存文件。若是新建的文件尚未命名，系统会弹出文件保存对话框（见图
2.1.3），提示用户选择文件保存的路径和文件名，再单击"保存"按钮。

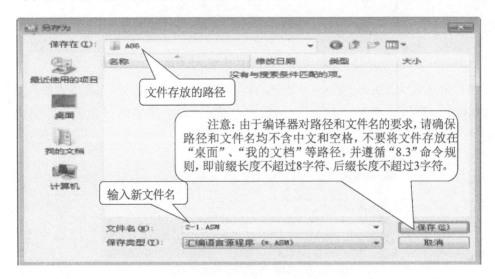

图 2.1.3 文件保存对话框

（6）单击菜单栏"编译"→"编译并调试"项或按 Ctrl + F9 组合键（建议单击工
具栏" ▣编译 "按钮），对当前文件进行编译和链接。若程序无语法错误，则开始自动
装载，信息窗口的编译框显示输出信息，如图 2.1.4 所示。

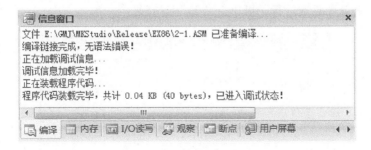

图 2.1.4 编译信息框

（7）当编译无误且装载完成后，即进入调试状态，软件自动将工作窗口切换到寄
存器。当前 IP 行高亮突出显示，源程序窗口左侧显示小方块以标识可执行语句行，如
图 2.1.5 所示。

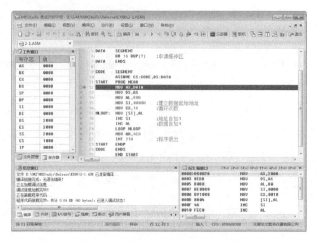

图 2.1.5　进入调试状态的主界面

（8）信息窗口切换到"内存"，在内存区单击鼠标右键切换到"DS 数据段"，可以看到 0000H ~ 000FH 全为"00"，这是程序申请的 16 个字节的缓冲区，如图 2.1.6 所示。

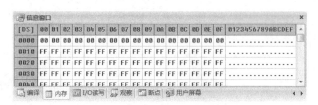

图 2.1.6　初始时的内存单元数据显示

（9）单击菜单栏"运行"→"单步跟踪"项或按 F7 快捷键（建议单击工具栏" "按钮），单步运行程序，观察寄存器和内存单元的数据变化。

（10）可单击菜单栏"运行"→"全速运行"项或按 F9 快捷键（建议单击工具栏" "按钮），使用全速运行方式，当程序结束时，弹出信息框（见图 2.1.7），提示用户是否复位。若需要再次运行，可单击"是"进行复位。

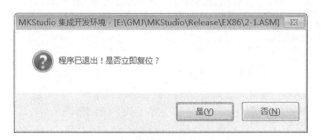

图 2.1.7　程序结束时的信息提示框

（11）再观察 DS：0000 ~ 000FH 内存单元，验证程序运行结果，如图 2.1.8 所示。

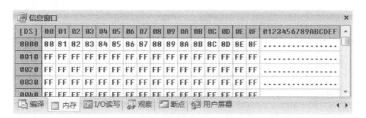

图 2.1.8　程序运行后的内存单元数据显示

（12）在内存窗口可以用鼠标单击选中某个内存单元，按键盘的 0～9 或 A～F，直接写入数据以覆盖该内存单元原有数据，如图 2.1.9 所示。

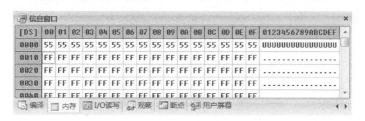

图 2.1.9　修改后的内存单元数据显示

（13）除了单步或全速运行，还可以使用断点手段来调试程序。单击菜单栏"运行"→"复位"项或按 Ctrl＋F2 组合键（建议单击工具栏"　"按钮）进行复位，以便重新运行程序。

（14）单击源程序编辑窗口左侧的行号即可快速设置断点，断点行为红色高亮显示（见图 2.1.10），若要删除该断点只需再次单击断点行的行号，即可清除断点。

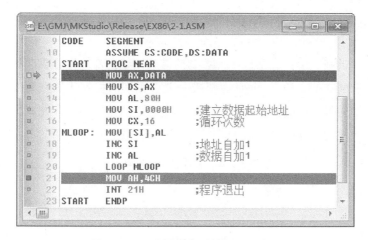

图 2.1.10　设置断点后的源程序窗口

（15）在设置断点后，单击菜单栏"运行"→"全速运行"项或按 F9 快捷键（建议单击工具栏"　"按钮），使用全速运行方式，待程序运行到断点行时自动停下，如图 2.1.11 所示。

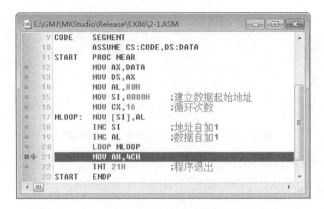

图2.1.11 全速运行后遇断点暂停的源程序窗口

实验2.2 数制转换实验

【实验目的】

(1) 掌握不同进制数及编码相互转换的程序设计方法,加深对数制转换的理解。
(2) 熟悉和了解计算机的数制体系。

【实验设备】

PC计算机 1台

【实验内容与步骤】

二进制、十进制、十六进制这3种数制的计数系统是计算机最重要的数值代码,其中二进制数只有独立的0和1,是计算机唯一能够识别的机器代码;而十六进制数是程序设计中最常用的基本数制;至于十进制数则是人类通用的标准数制。因此,它们之间的换算在应用程序的设计中必不可少。三者之间的相互关系见表2.2.1。

表2.2.1 三种进制数对照表

十进制	二进制	十六进制
0	0000	0
1	0001	1
2	0010	2
3	0011	3
4	0100	4
5	0101	5

续表

十进制	二进制	十六进制
6	0110	6
7	0111	7
8	1000	8
9	1001	9
10	1010	A
11	1011	B
12	1100	C
13	1101	D
14	1110	E
15	1111	F

　　表 2.2.1 表明，二进制与十六进制之间仅存在表示方法上的差异，一个用"8421码"表示，而另一个用"符号"表示，但"逢二进一"是它们共同的计数规则。实质上，十六进制数是二进制数的简写，亦可视为二进制数的"符号"表示法。从数制角度上讲，它们之间存在直截了当的转换关系。例如，二进制数"1010"等于十六进制数"A"，而"A"的位码又等于二进制数的"1010"。由此可见，它们之间的转换毫无实际意义。

　　1. 十六进制数转换为十进制数

　　十六进制数转换为十进制数，流程如图 2.2.1 所示。实验程序参考如下：

```
DATA      SEGMENT              ; 2 – 2 – 1. ASM
DBUF      DW 3039H             ; 3039H 为 10 进制数 12345
DVAL      DB 5 DUP（?）        ; 存放转换后的数据
DLEN       = $ – DBUF
DATA      ENDS

CODE      SEGMENT
          ASSUME CS：CODE，DS：DATA
START     PROC NEAR
          MOV AX，DATA
          MOV DS，AX
          MOV SI，OFFSET DBUF   ; 源数据地址
          MOV DX，[SI]
          MOV SI，OFFSET DLEN
```

```
                            ; 目标数据地址
        A1:     DEC SI
                MOV AX, DX
                MOV DX, 0
                MOV CX, 10      ; 除数 10
                DIV CX          ; 商送 AX, 余数送 DX
                XCHG AX, DX
                MOV [SI], AL    ; 存入目标地址
                CMP DX, 0000H
                JNE A1          ; 判断转换结束否, 未结
                                ; 束则转 A1
        A2:     CMP SI, OFFSET DVAL
                                ; 与目标首址比较
                JZ A3           ; 等于首地址则转 A3,
                                ; 否则在剩余
                DEC SI          ; 地址中填 00H
                MOV AL, 00H
                MOV [SI], AL
                JMP A2
        A3:     MOV AH, 4CH
                INT 21H         ; 程序终止
        START   ENDP
        CODE    ENDS
                END START
```

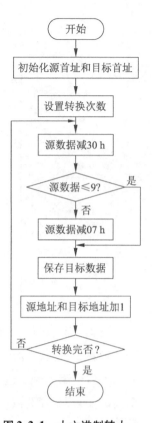

图 2.2.1　十六进制转十进制流程图

实验步骤:

(1) 编写实验程序, 经编译、链接无误后装载。

(2) 待转换数据存放于数据段 0000H ~ 0001H 单元, 可根据需求另行输入, 默认为 3039H (十进制为 12345)。

(3) 运行程序, 等待程序结束。

(4) 查看数据段 0002H ~ 0006H 单元, 即为转换结果, 应为 01H, 02H, 03H, 04H, 05H。

(5) 反复测试几组数据, 验证程序的正确性。

2. 十进制数转换为十六进制数

十进制数转换为十六进制数流程, 如图 2.2.2 所示。实验程序参考如下:

```
DATA      SEGMENT            ; 2 - 2 - 2. ASM
NUMS      DB 3, 2, 7, 6, 7

                             ; 十进制数: 32767

NUMO      DW?
DATA      ENDS

CODE      SEGMENT
          ASSUME CS: CODE, DS: DATA
START:    MOV AX, DSEG       ; DS 指向数据段
          MOV DS, AX
          MOV SI, OFFSET NUMS

                             ; 源数据地址
          MOV BX, 10         ; 被乘数
          MOV CX, 4          ; 转换长度
          MOV DH, 0          ; 屏蔽源数据高 8 位
          MOV AH, 0
          MOV AL, [SI]       ; 取首个数据
A1:       IMUL BX            ; 乘 10
          MOV DL, [SI + 1]   ; 取当前数据
          ADC AX, DX         ; 源数据累加
          INC SI             ; 源地址增量
          LOOP A1            ; 未结果转 A1 继续
          MOV NUMO, AX       ; 存放转换结果
          MOV AH, 4CH        ; 停止程序运行
          INT 21H
CODE      ENDS
          END START
```

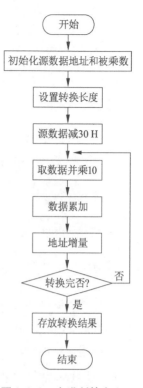

**图 2.2.2　十进制转十六
进制流程图**

实验步骤:

(1) 编写实验程序, 经编译、链接无误后装载。

(2) 待转换数据存放于数据段 0000H ~ 0004H 单元, 可根据需求另行输入, 默认为 32767。

(3) 运行程序, 等待程序结束。

(4) 查看数据段 0005H ~ 0006H 单元, 即为转换结果, 应为 7FFFH。

(5) 反复测试几组数据, 验证程序的正确性。

实验 2.3　码制转换实验

【实验目的】

（1）掌握不同类型码相互转换程序的设计方法，加深对码制之间转换的理解。

（2）熟悉和了解计算机操作中的编码定义及与数制码的关系。

【实验设备】

PC 计算机　　　　　1 台

【实验内容与步骤】

计算机的操作有其独特的专门编码。例如，数制就代表一种类型的编码，其他特殊编码包括 ASCII、Gray、Excess – 3、BCD 等。在程序设计中，经常需要将一种码转换成另一种码。码的转换使用查表法比较容易实现，但在本例程中将采用简单的数字操作来完成转换。常用的 ASCII 码与十六进制的对应关系，见表 2.3.1。

表 2.3.1　ASCII 与十六进制对应表

ASCII	十六进制
30H	00H
31H	01H
32H	02H
33H	03H
34H	04H
35H	05H
36H	06H
37H	07H
38H	08H
39H	09H
41H	0AH
42H	0BH
43H	0CH
44H	0DH
45H	0EH
46H	0FH

1. ASCII 码（数字符）转换为十六进制数

ASCII 码（数字符）转换为十六进制数，流程如图 2.3.1 所示。实验程序参考如下：

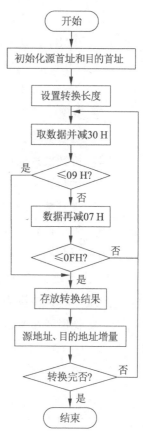

图 2.3.1　ASCII 转十六进制流程图

```
DATA      SEGMENT        ；2 - 3 - 1. ASM
NUMS      DB 30H, 31H, 02H, 41H, 42H, 43H,
          44H, 45H
DLEN      = $ - NUMS     ；声明 NUMS 长度
NUMO      DB 7 DUP（?）
DATA      ENDS

CODE      SEGMENT
          ASSUME CS：CODE, DS：DATA
START     PROC NEAR
          MOV AX, DATA   ；DS 指向数据段
          MOV DS, AX
          MOV CX, DLEN   ；转换数
          MOV SI, OFFSET NUMS
                         ；ASCII 码首地址
          MOV DI, OFFSET NUMO
                         ；十六进制数首地址
A1：      MOV AL, [SI]
          SUB AL, 30H
          JC A4          ；跳过非数值 ASCII 码
          JMP A5
A4：      DEC CX         ；计数减 1
          JMP A3         ；继续转换
A5：      CMP AL, 9
          JNG A2         ；为 30H ~ 39H 转 A2
          SUB AL, 7
          CMP AL, 0FH
          JNG A2         ；为 41H ~ 46H 转 A3
A3：      INC SI         ；ASCII 码地址加 1
          JMP A1         ；转换下一个
A2：      MOV [DI], AL   ；结果存入目标地址
          INC DI         ；目标地址加 1
```

```
            INC SI            ；源地址加 1
            LOOP A1           ；若转换未结束则继续
            MOV AH, 4CH       ；程序结束
            INT 21H
    START   ENDP
    CODE    ENDS
            END START
```

实验步骤：

（1）编写实验程序，经编译、链接无误后装载。

（2）待转换数据存放于数据段 0000H～0007H 单元，可根据需求另行输入。

（3）运行程序，等待程序结束。

（4）查看数据段 0008H 起始的单元，即为转换结果。

（5）程序遇到非数值 ASCII 码，则自动跳过，继续转换下一个单元。

（6）反复测试几组数据，验证程序的正确性。

2. 十六进制数转换为 ASCII 码

十六进制数转换为 ASCII 码（数字符），流程如图 2.3.2 所示。实验程序参考如下：

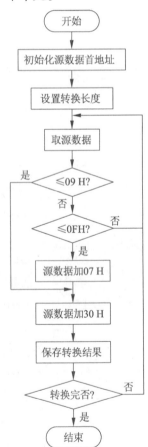

图 2.3.2 十六进制转 ASCII 流程图

```
    DATA    SEGMENT                  ；2－3－2. ASM
    NUMS    DW 12ABH
    DLEN    = （$－NUMS）* 2     ；声明 NUMS 长度
    NUMO    DD?
    CLEN    = $－NUMO+1
    DATA    ENDS

    CODE    SEGMENT
            ASSUME CS：CODE, DS：DATA
    START   PROC NEAR
            MOV AX, DATA    ；DS 指向数据段
            MOV DS, AX
            MOV CX, DLEN    ；转换长度
            MOV DI, OFFSET NUMS
                            ；十六进制数源地址
            MOV DX, [DI]
    A1：    MOV AX, DX
            AND AX, 000FH   ；取低 4 位
```

```
                CMP AL, 0AH
                JB A2                    ; 小于 0AH 则转 A2
                ADD AL, 07H              ; 在 0AH ~ 0FH 之间, 需加 07H
        A2:     ADD AL, 30H              ; 转换为相应 ASCII 码
                MOV [DI + CLEN], AL
                                         ; 结果存入目标地址
                DEC DI
                PUSH CX
                MOV CL, 04H
                SHR DX, CL               ; 将十六进制数右移 4 位
                POP CX
                LOOP A1
                MOV AH, 4CH              ; 程序结束
                INT 21H
        START   ENDP
        CODE    ENDS
                END START
```

实验步骤:

(1) 编写实验程序, 经编译、链接无误后装载。

(2) 待转换数据存放于数据段 0000H ~ 0001H 单元, 默认为 12ABH, 可根据需求另行输入。

(3) 运行程序, 等待程序结束。

(4) 查看数据段 0002H ~ 0005H 起始的单元, 即为转换结果, 应为 31H, 32H, 41H, 42H。

(5) 程序遇到非数值 ASCII 码, 则自动跳过, 继续转换下一个单元。

(6) 反复测试几组数据, 验证程序的正确性。

3. ASCII 码 (数字符) 转换为十进制数

ASCII 码 (数字符) 转换为十进制数, 流程如图 2.3.3 所示。实验程序参考如下:

```
        DATA    SEGMENT              ; 2 - 3 - 3. ASM
        NUMS    DB 30H, 31H, 41H, 38H, 39H, 32H,
                33H, 36H
        NUMO    DB 7 DUP (?)
        DLEN    = $ - NUMO
        DATA    ENDS
        CODE    SEGMENT
```

```
            ASSUME CS：CODE, DS：DATA
START       PROC NEAR
            MOV AX, DATA    ; DS 指向数据段
            MOV DS, AX
            MOV CX, DLEN    ; 转换位数
            MOV SI, OFFSET NUMS
                            ; ASCII 码首地址
            MOV DI, OFFSET NUMO
                            ; 十进制数首地址
A1：        MOV AL, [SI]
            SUB AL, 30H
            JC A3           ; 非数值 ASCII 码转
            CMP AL, 9
            JNG A2          ; 为 30H～39H 则转 A2
A3：        INC SI          ; ASCII 码地址加 1
            JMP A1          ; 转换下一个
A2：        MOV [DI], AL    ; 结果存入目标地址
            INC DI          ; 目标地址加 1
            INC SI          ; 源地址加 1
            LOOP A1         ; 若转换未结束则继续
            MOV AH, 4CH     ; 程序结束
            INT 21H
START       ENDP
CODE        ENDS
            END START
```

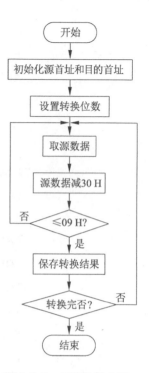

图 2.3.3　ASCII 转十进制流程图

实验步骤：

（1）编写实验程序，经编译、链接无误后装载。

（2）待转换数据存放于数据段 0000H～0007H 单元，可根据需求另行输入。

（3）运行程序，等待程序结束。

（4）查看数据段 0008H 起始的单元，即为转换结果，应为 00H，01H，08H，09H，02H，03H，06H。

（5）程序遇到非"0"～"9"的 ASCII 码，则自动跳过，继续转换下一个单元。

（6）反复测试几组数据，验证程序的正确性。

4. 十进制数转换为 ASCII 码

十进制数转换为 ASCII 码（数字符），流程如图 2.3.4 所示。实验程序参考如下：

```
DATA      SEGMENT              ; 2 - 3 - 4. ASM
NUMS      DB 01H, 02H, 03H, 0AH, 05H, 06H,
          07H, 08H
DLEN      = $ - NUMS
NUMO      DB 7 DUP (?)
DATA      ENDS
CODE      SEGMENT
          ASSUME CS: CODE, DS: DATA
START     PROC NEAR
          MOV AX, DATA       ; DS 指向数据段
          MOV DS, AX
          MOV CX, DLEN
          MOV SI, OFFSET NUMS
                             ; 十进制数源地址
          MOV DI, OFFSET NUMO
                             ; ASCII 目标地址
A1:       MOV AL, [SI]
          AND AL, 0FH        ; 取低 4 位
          ADD AL, 30H        ; 转换为相应 ASCII 码
          CMP AL, 3AH
          JB A2              ; 小于 0AH 则转 A2
          INC SI             ; 大于 09H 地址跳过
          DEC CX             ; 大于 09H 计数减 1
          JMP A1
A2:       M0OV [DI], AL      ; 结果存入目标地址
          INC DI
          INC SI
          LOOP A1
          MOV AH, 4CH        ; 程序结束
          INT 21H
START     ENDP
CODE      ENDS
          END START
```

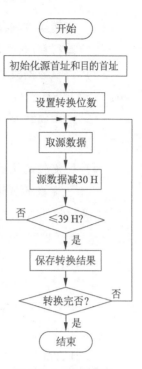

图 2.3.4　十进制转
ASCII 流程图

实验步骤：

（1）编写实验程序，经编译、链接无误后装载。

（2）待转换数据存放于数据段 0000H～0007H 单元，可根据需求另行输入。

（3）运行程序，等待程序结束。

（4）查看数据段 0008H 起始的单元，即为转换结果，应为 31H，32H，33H，35H，36H，37H，38H。

（5）程序遇到非"0"～"9"数值的 ASCII 码，则自动跳过，继续转换下一个单元。

（6）反复测试几组数据，验证程序的正确性。

5. 十进制数的 ASCII 码转换为 BCD 码

十进制数的 ASCII 码转换为 BCD 码，流程如图 2.3.5 所示。实验程序参考如下：

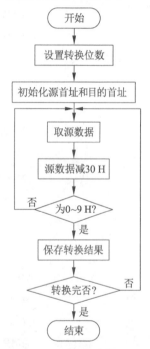

图 2.3.5　十进制 ASCII 码转 BCD 流程图

```
DATA    SEGMENT          ; 2 - 3 - 5. ASM
NUMS    DB 30H, 31H, 41H, 38H, 39H, 32H,
        33H, 36H
NUMO    DB 7 DUP（?）
DLEN    = $ - NUMO
DATA    ENDS
CODE    SEGMENT
        ASSUME CS：CODE, DS：DATA
START   PROC NEAR
        MOV AX, DATA     ; DS 指向数据段
        MOV DS, AX
        MOV CX, DLEN     ; 转换位数
        MOV SI, OFFSET NUMS
                         ; ASCII 码首地址
        MOV DI, OFFSET NUMO
                         ; BCD 码首地址
A1:     MOV AL, [SI]
        SUB AL, 30H
        JC A3            ; 低于 30H 则转 A3
        CMP AL, 9
        JNG A2           ; 为 30H～39H 则转 A2
A3:     INC SI           ; ASCII 码地址加一
        JMP A1           ; 转换下一个
A2:     MOV [DI], AL     ; 结果存入目标地址
        INC DI
        INC SI
```

```
            LOOP A1
            MOV AH, 4CH
            INT 21H
START       ENDP
CODE        ENDS
            END START
```

实验步骤：

（1）编写实验程序，经编译、链接无误后装载。

（2）待转换数据存放于数据段 0000H ~ 0007H 单元，可根据需求另行输入。

（3）运行程序，等待程序结束。

（4）查看数据段 0008H 起始的单元，即为转换结果，应为 00H，01H，08H，09H，02H，03H，06H。

（5）程序遇到非"0" ~ "9"数值的 ASCII 码，则自动跳过，继续转换下一个单元。

（6）反复测试几组数据，验证程序的正确性。

6. 十进制 BCD 码转换为二进制数

十进制 BCD 转换为二进制数，流程如图 2.3.6 所示。实验程序参考如下：

```
DATA        SEGMENT          ; 2 - 3 - 6. ASM
NUMS        DB 08H, 07H, 06H, 05H, 04H, 03H,
            02H, 01H
NUMO        DB 4 DUP（?）
DLEN        = $ - NUMO
DATA        ENDS
CODE        SEGMENT
            ASSUME CS：CODE, DS：DATA
START       PROC NEAR
            MOV AX, DATA      ; DS 指向数据段
            MOV DS, AX
            XOR AX, AX
            MOV CX, DLEN      ; 转换位数
            MOV SI, OFFSET NUMS
                             ; BCD 码首地址
            MOV DI, OFFSET NUMO
```

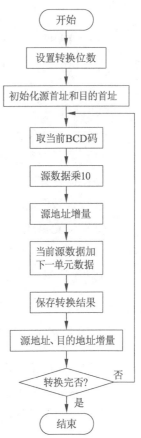

图 2.3.6　十进制 BCD 码
转换为二进制数

```
                                       ; 二进制数首地址
        A1:         MOV AL, [SI]       ; 取当前 BCD 码
                    ADD AL, AL
                    MOV BL, AL
                    ADD AL, AL
                    ADD AL, AL
                    ADD AL, BL
                    INC SI
                    ADD AL, [SI]
                    MOV [DI], AL
                    INC SI
                    INC DI
                    LOOP A1
                    MOV AH, 4CH        ; 程序结束
                    INT 21H
    START           ENDP
    CODE            ENDS
                    END START
```

实验步骤:

(1) 编写实验程序, 经编译、链接无误后装载。

(2) 待转换数据存放于数据段 0000H ~ 0007H 单元, 可根据需求另行输入。

(3) 运行程序, 等待程序结束。

(4) 查看数据段 0008H 起始的单元, 即为转换结果, 应为 57H, 41H, 2BH, 15H。

(5) 反复测试几组数据, 验证程序的正确性。

实验 2.4 运算类编程实验

【实验目的】

(1) 掌握使用运算类指令编程及调试方法。

(2) 掌握运算类指令对各状态标志位的影响及其测试方法。

(3) 学习使用软件观察变量的方法。

【实验设备】

PC 计算机   1 台

【实验内容与步骤】

80X86 指令系统提供了实现加、减、乘、除运算的基本指令，可对表 2.4.1 所示的数据类型进行算术运算。

表 2.4.1　数据类型算术运算表

数制	二进制		BCD 码	
	有符号	无符号	组合	非组合
运算符	+、-、×、÷		+、-	+、-、×、÷
操作数	字节、字、多精度		字节（2 位数字）	字节（1 位数字）

1. 二进制双精度加法运算

计算 X + Y = Z，将结果 Z 存入某存储单元。实验程序参考如下：

```
        DATA    SEGMENT              ; 2 - 4 - 1. ASM
        XH      DW 0015H             ; X 低位
        XL      DW 65A0H             ; X 高位
        YH      DW 0021H             ; Y 低位
        YL      DW 0B79EH            ; Y 高位
        ZH      DW?                  ; Z 低位
        ZL      DW?                  ; Z 高位
        DATA    ENDS
        CODE    SEGMENT
                ASSUME CS：CODE, DS：DATA
        START   PROC NEAR
                MOV AX, DATA
                MOV DS, AX
                MOV AX, XL
                ADD AX, YL           ; X 低位加 Y 低位
                MOV ZL, AX           ; 低位和存到 Z 的低位
                MOV AX, XH
                ADC AX, YH           ; 高位带进位加
                MOV ZH, AX           ; 存高位结果
                MOV AH, 4CH
                INT 21H
        START   ENDP
        CODE    ENDS
```

END START

本实验是双精度（2 个 16 位，即 32 位）加法运算，编程时可利用累加器 AX，先求低 16 位的和，并将运算结果存入低地址存储单元，然后求高 16 位的和，将结果存入高地址存储单元。由于低 16 运算后可能向高位产生进位，因此高 16 位运算时使用 ADC 指令，这样在低 16 位相加运算有进位时，高位相加会加上 CF 中的 1。

实验步骤：

（1）编写实验程序，经编译、链接无误后装载。

（2）程序装载完成后，单击"信息窗口"的"观察"标签，切换到变量观察窗口，此时 XH = 0015H，XL = 65A0H，YH = 0021H，YL = B79EH，如图 2.4.1 所示。

图 2.4.1　程序装载后的观察框信息

（3）运行程序，等待程序结束。

（4）当程序停止运行后，查看变量观察窗口，计算结果 ZH = 0037H，ZL = 1D3EH，如图 2.4.2 所示。

变量名	数据类型	内存地址	16进制值	10进制值	2进制值
XH	WORD	DATA:0000	0015	21	0000000000010101
XL	WORD	DATA:0002	65A0	26016	0110010110100000
YH	WORD	DATA:0004	0021	33	0000000000100001
YL	WORD	DATA:0006	B79E	47006	1011011110011110
ZH	WORD	DATA:0008	0037	55	0000000000110111
ZL	WORD	DATA:000A	1D3E	7486	0001110100111110

图 2.4.2　程序运行后的观察框信息

（5）修改 XH、XL、YH、YL 的值，重复实验步骤（1）～（4），观察实验结果。反复测试几组数据，验证程序的正确性。

2. 十进制的 BCD 码减法运算

计算 X − Y = Z，其中 X、Y、Z 为 BCD 码。实验程序参考如下：

```
DATA        SEGMENT              ; 2 - 4 - 2. ASM
X           DW 0400H             ; 40
Y           DW 0102H             ; 12
Z           DW ?
DATA        ENDS
```

```
CODE      SEGMENT
          ASSUME CS：CODE, DS：DATA
START     PROC NEAR
          MOV AX, DATA
          MOV DS, AX
          MOV AH, 00H
          SAHF
          MOV CX, 0002H
          MOV SI, OFFSET X
          MOV DI, OFFSET Z
A1：      MOV AL, ［SI］
          SBB AL, ［SI + 02H］
          DAS
          PUSHF
          AND AL, 0FH
          POPF
          MOV ［DI］, AL
          INC DI
          INC SI
          LOOP A1
          MOV AH, 4CH
          INT 21H
START     ENDP
CODE      ENDS
          END START
```

实验步骤：

（1）编写实验程序，经编译、链接无误后装载。

（2）程序装载完成后，单击"信息窗口"的"观察"标签，切换到变量观察窗口，此时 X = 0400H，Y = 0102H，如图 2.4.3 所示。

图 2.4.3　程序装载后的观察框信息

（3）运行程序，等待程序结束。

（4）当程序停止运行后，查看变量观察窗口，计算结果 Z =0208H，如图 2.4.4 所示。

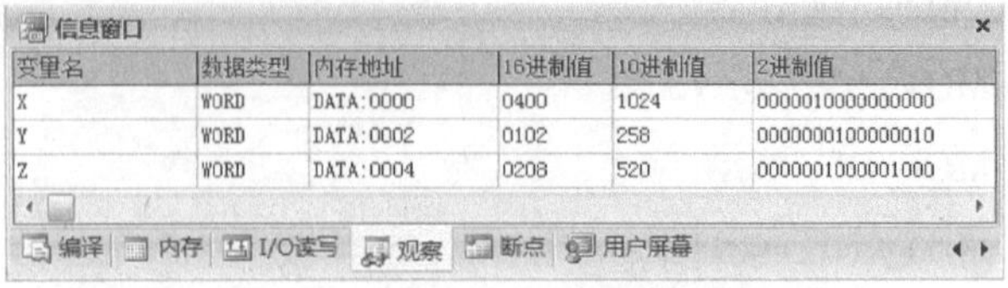

变量名	数据类型	内存地址	16进制值	10进制值	2进制值
X	WORD	DATA:0000	0400	1024	0000010000000000
Y	WORD	DATA:0002	0102	258	0000000100000010
Z	WORD	DATA:0004	0208	520	0000001000001000

图 2.4.4　程序运行后的观察框信息

（5）修改 X、Y 的值，重复实验步骤（1）～（4），观察实验结果。反复测试几组数据，验证程序的正确性。

3. 乘法运算

实现十进制数的乘法运算，被乘数与乘数均以 BCD 码的形式存放在内存中，乘数为 1 位，被乘数为 5 位，结果为 6 位。实验程序参考如下：

```
DATA      SEGMENT                     ; 2-4-3.ASM
DATA1     DB 1, 2, 3, 4, 5            ; 被乘数
DATA2     DB 2                        ; 乘数
RESULT    DB 6 DUP (?)                ; 计算结果
DATA      ENDS

CODE      SEGMENT
          ASSUME CS: CODE, DS: DATA
START     PROC NEAR
          MOV AX, DATA
          MOV DS, AX
          CALL INIT                   ; 初始化目标地址单元为 0
          MOV SI, OFFSET DATA2
          MOV BL, [SI]
          AND BL, 0FH                 ; 得到乘数
          CMP BL, 09H
          JNC ERROR
          MOV SI, OFFSET DATA1
          MOV DI, OFFSET RESULT
          MOV CX, 0005H
A1:       MOV AL, [SI+04H]
          AND AL, 0FH
```

```
              CMP AL, 09H
              JNC ERROR
              DEC SI
              MUL BL
              AAM                       ; 乘法调整指令
              ADD AL, [DI+05H]
              AAA
              MOV [DI+05H], AL
              DEC DI
              MOV [DI+05H], AH
              LOOP A1
A2:           MOV AH, 4CH
              INT 21H                   ; 程序终止
; 错误处理
ERROR:        MOV SI, OFFSET RESULT     ; 若输入数据不符合要求
              MOV CX, 0003H             ; 则 RESULT 所指向内存单
              MOV AX, 0EEEEH            ; 元全部写入 E
A4:           MOV [SI], AX
              INC SI
              INC SI
              LOOP A4
              JMP A2
START         ENDP


; 将 RESULT 所指内存单元清零
INIT          PROC NEAR
              MOV SI, OFFSET RESULT
              MOV CX, 0003H
              MOV AX, 0000H
A3:           MOV [SI], AX
              INC SI
              INC SI
              LOOP A3
              RET
INIT          ENDP
```

```
CODE        ENDS
        END START
```

实验步骤:

(1) 编写实验程序, 经编译、链接无误后装载。

(2) 乘数存放于数据段 0000H ~ 0004H 单元, 程序中默认为 01H, 02H, 03H, 04H, 05H。

(3) 被乘数存放于数据段 0005H 单元, 程序中默认为 02H。

(4) 运行程序, 等待程序结束。

(5) 查看数据段 0006H ~ 000BH 单元, 应为 00H, 02H, 04H, 06H, 09H, 00H; 在为被乘数和乘数赋值时, 如果一个数的低 4 位大于 9, 则数据段 0006 ~ 000BH 单元均为 EEH。

(6) 反复测试几组数据, 验证程序的正确性。

实验 2.5   分支程序设计实验

【实验目的】

(1) 掌握分支程序的结构。
(2) 掌握分支程序的设计、调试方法。

【实验设备】

PC 计算机   1 台

【实验内容与步骤】

设计一数据块间的搬移程序。设计思想: 程序要求把内存中一数据区 (称为源数据块) 传送到另一存储区 (称为目的数据块)。源数据块和目的数据块在内存中可能有如图 2.5.1 所示的 3 种情况。

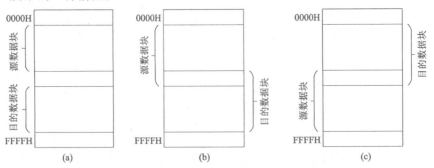

图 2.5.1   源数据块与目的数据块在存储中的位置情况

对于两个数据块分离的情况（见图 2.5.1a），数据的传送从数据块的首地址开始，或从数据块的末地址开始均可。但是对于有重叠的情况，则要加以分析，否则重叠部分会因"搬移"而遭到破坏，可有如下结论：

（1）当源数据块首地址 < 目的块首地址时，从数据块末地址开始传送数据，如图 2.5.1b 所示。

（2）当源数据块首地址 > 目的块首地址时，从数据块首地址开始传送数据，如图 2.5.1c 所示。

实验程序流程如图 2.5.2 所示。实验程序参考如下：

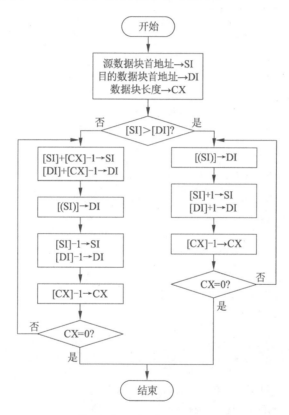

图 2.5.2　分支程序流程图

```
DATA      SEGMENT                         ; 2 – 5. ASM
BUFS      DB "www. MERKE. com. cn"
DLEN      = $ – BUFS
BUFD      DB 16 DUP （?）
DATA      ENDS


CODE      SEGMENT
          ASSUME CS: CODE, DS: DATA
```

```
START        PROC NEAR
             MOV AX, DATA
             MOV DS, AX
             MOV SI, OFFSET BUFS        ；源地址
             MOV DI, OFFSET BUFD        ；目的地址
             MOV CX, DLEN
             CMP SI, DI
             JA A2
             ADD SI, CX
             ADD DI, CX
             DEC SI
             DEC DI
A1：         MOV AL, [SI]
             MOV [DI], AL
             DEC SI
             DEC DI
             DEC CX
             JNE A1
             JMP A3
A2：         MOV AL, [SI]
             MOV [DI], AL
             INC SI
             INC DI
             DEC CX
             JNE A2
A3：         MOV AH, 4CH
             INT 21H                    ；程序终止
START        ENDP
CODE         ENDS
             END START
```

实验步骤：

（1）按流程图编写实验程序，经编译、链接无误后装载。

（2）源数据块存放于数据段 0000H～000FH 单元，可根据需求另行输入。

（3）目标数据块位于数据段 0010H～001FH 单元，初始时内容为空。

（4）运行程序，待程序运行停止。

（5）查看数据段 0010H ~ 001FH 单元，应与 0000H ~ 000FH 单元一致。

（6）通过改变 SI、DI 的值，观察在 3 种不同的数据块情况下程序的运行情况，并验证程序的正确性。

实验 2.6　循环程序设计实验

【实验目的】

（1）加深对循环结构的理解。

（2）掌握循环结构程序设计的方法以及调试方法。

【实验设备】

PC 计算机　　　　　　1 台

【实验内容与步骤】

1. 计算 $S = 1 + 2 \times 3 + 3 \times 4 + 4 \times 5 + \cdots + N (N+1)$

编写实验，计算上式的结果，直到 N（N + 1）项大于 200 为止。实验程序流程如图 2.6.1 所示。实验程序参考如下：

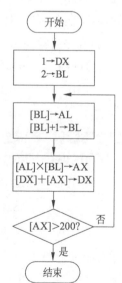

```
DATA      SEGMENT          ; 2 - 6 - 1. ASM
RESULT    DW?              ; 计算结果
DATA      ENDS
CODE      SEGMENT
          ASSUME CS: CODE, DS: DATA
START     PROC NEAR
          MOV DX, 0001H
          MOV BL, 02H
A1:       MOV AL, BL
          INC BL
          MUL BL
          ADD DX, AX       ; 结果存于 DX 中
          CMP AX, 00C8H
                    ; 比较 N（N + 1）与 200 的大小
          JNA A1
          MOV AX, DATA     ; 保存计算结果
          MOV DS, AX
```

图 2.6.1　计算 $S = 1 + 2 \times 3 + 3 \times 4 + 4 \times 5 + \cdots + N (N+1)$ 程序流程图

```
              MOV RESULT, DX
              MOV AH, 4CH
              INT 21H              ; 程序终止
    START     ENDP
    CODE      ENDS
              END START
```

实验步骤：

（1）编写实验程序，编译、链接无误后装载。

（2）运行程序，等待程序结束。

（3）运算结果存放在数据段 0000H ~ 0001H 单元，可使用内存或观察窗口查看结果是否正确。

（4）可以改变 N（N+1）的条件来验证程序功能是否正确，但要注意，结果若大于 FFFFH 将产生数据溢出。

2. 求某数据区内负数的个数

设数据区的第一单元存放区内单元数据的个数，从第二单元开始存放数据，在区内最后一个单元存放结果。为统计数据区内负数的个数，需要逐个判断区内的每一个数据，然后将所有数据中凡是符号位为 1 的数据的个数累加起来，即得到区内所包含负数的个数。

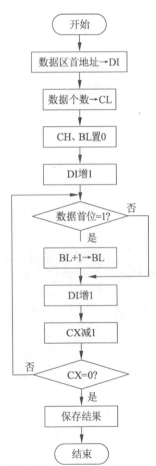

实验程序流程如图 2.6.2 所示。实验程序参考如下：

```
    DATA      SEGMENT          ; 2 - 6 - 2. ASM
    BUF       DB 06H, 12H, 88H, 82H, 90H, 22H,
              33H              ; 总数
    RESULT    DB?              ; 统计后的负数个数
    DATA      ENDS
    CODE      SEGMENT
              ASSUME CS: CODE, DS: DATA
    START     PROC NEAR
              MOV AX, DATA
              MOV DS, AX
              MOV DI, OFFSET BUF; 数据区首地址
              MOV CL, [DI]     ; 取数据个数
              XOR CH, CH
              MOV BL, CH
              INC DI           ; 指向第一个数据
```

图 2.6.2　求某数据区内负数的个数程序流程图

```
A1:     MOV AL, [DI]
        TEST AL, 80H      ; 检查数据首位是否为 1
        JE A2
        INC BL            ; 负数个数加 1
A2:     INC DI
        LOOP A1
        MOV [DI], BL      ; 保存结果
        MOV AH, 4CH
        INT 21H           ; 程序终止
START   ENDP
CODE    ENDS
        END START
```

实验步骤：

（1）编写实验程序，编译、链接无误后装载。

（2）统计的数据个数位于数据段 0000H 单元，被统计的数据位于数据段 0001H ~ 0006H 单元，可根据需求另行输入。

（3）运行程序，等待程序结束。

（4）统计结果存放在数据段 0007H 单元，可使用内存或观察窗口查看结果是否正确，本例程中应为 03H。

（5）反复测试几组数据，验证程序的正确性。

实验 2.7　排序程序设计实验

【实验目的】

（1）掌握分支、循环、子程序调用等基本的程序结构；

（2）学习综合程序的设计、编写及调试。

【实验设备】

PC 计算机　　　　　1 台

【实验内容与步骤】

1. 气泡排序法

在数据区中存放着一组数，数据的个数就是数据缓冲区的长度，要求采用气泡法对该数据区中的数据按递增关系排序。

设计思想：

（1）从最后一个数（或第一个数）开始，依次把相邻的两个数进行比较，即第 N 个数与第 N－1 个数比较，第 N－1 个数与第 N－2 个数比较，以此类推；若第 N－1 个数大于第 N 个数，则两者交换，否则不交换，直到 N 个数的相邻两个数都比较完为止。此时，N 个数中的最小数将被排在 N 个数的最前列。

（2）对剩下的 N－1 个数重复（1），找到 N－1 个数中的最小数。

（3）再重复（2），直到 N 个数全部排列好为止。

实验程序参考如下：

```
DATA      SEGMENT                    ; 2－7－1. ASM
BUF       DB 89H, 20H, 12H, 64H, 88H, 06H, 66H, 78H, 99H, 01H
DLEN      = $ － BUF
DATA      ENDS


CODE      SEGMENT
          ASSUME CS：CODE, DS：DATA
START     PROC NEAR
          MOV AX, DATA
          MOV DS, AX
          MOV CX, DLEN
          MOV SI, OFFSET BUF + DLEN
          MOV BL, 0FFH
A1：      CMP BL, 0FFH
          JNZ A4
          MOV BL, 00H
          DEC CX
          JZ A4
          PUSH SI
          PUSH CX
A2：      DEC SI
          MOV AL, [SI]
          DEC SI
          CMP AL, [SI]
          JA A3
          XCHG AL, [SI]
          MOV [SI＋01H], AL
```

```
                    MOV BL, 0FFH
A3:                 INC SI
                    LOOP A2
                    POP CX
                    POP SI
                    JMP A1
A4:                 MOV AH, 4CH
                    INT 21H                    ；程序终止
START               ENDP
CODE                ENDS
                    END START
```

实验步骤：

（1）分析参考程序，绘制流程图并编写实验程序。

（2）编写实验程序，经编译、链接无误后装载。

（3）待排序的数据存放于数据段 0000H ~ 000AH 单元，可根据需求另行输入。

（4）运行程序，等待程序结束。

（5）查看数据段 0000H ~ 000AH 单元，数据应从小到大排列。

（6）可以反复测试几组数据，观察结果，验证程序的正确性。

2. 学生成绩名次表

将分数在 1 ~ 100 之间的 10 个成绩存入数据段首地址为 0000H 的单元中，0000H + I 表示学号为 I 的学生成绩。编写程序，将排出的名次表放在 0100H 开始的数据区，0100H + I 中存放的为学号为 I 的学生名次。

实验程序参考如下：

```
DATA       SEGMENT                        ; 2 - 7 - 2. ASM
SCORES     DB 86H, 90H, 99H, 70H, 66H     ；学生成绩
           DB 40H, 92H, 78H, 98H, 82H
DLEN       = $ - SCORES
           ORG 0010H
RANK       DB 10 DUP（?）
           ORG 0020H
BUF        DB 10 DUP（?）
DATA       ENDS

CODE       SEGMENT
           ASSUME CS：CODE, DS：DATA
```

```
START       PROC NEAR
            MOV AX, DATA
            MOV DS, AX
            MOV CX, DLEN
            MOV SI, OFFSET SCORES
            MOV DI, OFFSET BUF
            CALL BACKUP
            MOV SI, OFFSET SCORES      ; 存放学生成绩
            MOV CX, DLEN               ; 共 10 个成绩
            MOV DI, OFFSET RANK        ; 名次表首地址
A1：        CALL BRANCH                ; 调用子程序
            MOV AL, DLEN
            SUB AL, CL
            INC AL
            MOV BX, DX
            MOV [BX + DI], AL
            LOOP A1
            MOV CX, DLEN
            MOV SI, OFFSET BUF
            MOV DI, OFFSET SCORES
            CALL BACKUP
            MOV AH, 4CH
            INT 21H                    ; 程序终止
START       ENDP

; 扫描成绩表，得到最高成绩者的学号
BRANCH      PROC NEAR
            PUSH CX
            MOV CX, DLEN
            MOV AL, 00H
            MOV BX, OFFSET SCORES
            MOV SI, BX
A2：        CMP AL, [SI]
            JAE A3
            MOV AL, [SI]
```

```
                MOV DX, SI
                SUB DX, BX
A3：            INC SI
                LOOP A2
                ADD BX, DX
                MOV AL, 00H
                MOV ［BX］, AL
                POP CX
                RET
BRANCH          ENDP


BACKUP          PROC NEAR
B1：            MOV AL, ［SI］
                MOV ［DI］, AL
                INC SI
                INC DI
                LOOP B1
                RET
BACKUP          ENDP


CODE            ENDS
                END START
```

实验步骤：

（1）分析参考程序，绘制流程图并编写实验程序。

（2）编写实验程序，经编译、链接无误后装载。

（3）10 个学生成绩存放于数据段 0000H～000AH 的储存单元中。

（4）运行程序，等待程序结束。

（5）检查数据段 0010H～001AH 单元中的名次表是否正确。

实验 2.8　子程序设计实验

【实验目的】

（1）学习子程序的定义和调用方法。

（2）掌握子程序、子程序的嵌套、递归子程序的结构。

（3）掌握子程序的程序设计及调试方法。

【实验设备】

PC 计算机　　　　　　1 台

【实验内容与步骤】

1. 求无符号字节序列中的最大值和最小值

设有一字节序列，存放在数据段 0000H～0007H，长度为 08H。利用子程序的方法编程求出该序列中的最大值和最小值。程序流程如图 2.8.1 所示。

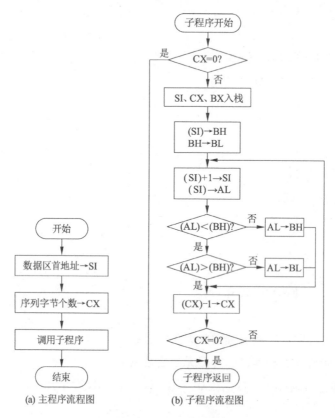

(a) 主程序流程图　　　　　　(b) 子程序流程图

图 2.8.1　程序流程

实验程序参考如下：

```
DATA        SEGMENT                      ; 2 - 8 - 1. ASM
BUF         DB 8FH, 90H, 45H, 0F9H, 20H, 23H, 11H, 01H
DLEN        = $ - BUF
MAX         DB?                          ; 存放最大值
MIN         DB?                          ; 存放最小值
DATA        ENDS
```

```
CODE        SEGMENT
            ASSUME CS：CODE, DS：DATA
START       PROC NEAR
            MOV AX, DATA
            MOV DS, AX
            MOV SI, OFFSET BUF        ;数据区首址
            MOV CX, DLEN
            CALL BRANCH               ;调用子程序
            MOV [MAX], AH
            MOV [MIN], AL
            MOV AH, 4CH
            INT 21H
START       ENDP
BRANCH      PROC NEAR                 ;子程序，出口参数在 AX 中
            JCXZ A4
            PUSH SI
            PUSH CX
            PUSH BX
            MOV BH, [SI]
            MOV BL, BH
            CLD
A1：        LODSB
            CMP AL, BH
            JBE A2
            MOV BH, AL
            JMP A3
A2：        CMP AL, BL
            JAE A3
            MOV BL, AL
A3：        LOOP A1
            MOV AX, BX
            POP BX
            POP CX
            POP SI
```

```
A4:            RET
BRANCH        ENDP
CODE          ENDS
              END START
```

实验步骤：

（1）分析参考程序，绘制流程图并编写实验程序；

（2）编写实验程序，经编译、链接无误后装载；

（3）字节序列存放于数据段 0000H ~ 0007H，可根据需求另行输入；

（4）运行程序，等待程序结束；

（5）最大值存放于数据段 0008H 单元，最小值存放于数据段 0009H 单元，可使用内存或观察窗口查看结果是否正确；

（6）反复测试几组数据，检验程序的正确性。

程序说明：该程序使用 BH 和 BL 暂存现行的最大值和最小值，开始时初始化成首字节的内容，然后进入循环操作，从字节序列中逐个取出一个字节的内容与 BH 和 BL 相比较，若取出的字节内容比 BH 的内容大或比 BL 的内容小，则修改之。当循环操作结束时，将 BH 送 AH，将 BL 送 AL，作为返回值，同时恢复 BX 原先的内容。

2. 求 N!

利用子程序的嵌套和子程序的递归调用，实现 N! 的运算。根据阶乘运算法则，可以得到：

$$N! = N(N-1)! = N(N-1)(N-2)! = \cdots$$
$$0! = 1$$

由此可知，欲求 N 的阶乘，可以用一递归子程序来实现，每次递归调用时应将调用参数减 1，即求（N-1）的阶乘，并且当调用参数为 0 时应停止递归调用，且有 0! = 1，最后将每次调用的参数相乘得到最后结果。因每次递归调用时参数都送入堆栈，当 N 为 0 而程序开始返回时，应按嵌套的方式逐层取出相应的调用参数。

定义两个变量 N 及 RESULT，RESULT 中存放 N! 的计算结果，N 在 00H ~ 08H 之间取值。阶乘表见表 2.8.1。

表 2.8.1　阶乘表

N（N!）	0	1	2	3	4	5	6	7	8
16 进制	0000H	0001H	0002H	0006H	0018H	0078H	02D0H	13B0H	9D80H
10 进制	1	1	2	6	24	120	720	5040	40320

实验程序参考如下：

```
DATA      SEGMENT          ; 2-8-2. ASM
N         DB 4             ; N 的范围在 1~8 之间
```

```
RESULT      DW?                    ; N！的结果存于该变量中
DATA        ENDS


CODE        SEGMENT
            ASSUME CS：CODE，DS：DATA
START       PROC NEAR
            MOV AX，DATA
            MOV DS，AX
            MOV AX，OFFSET RESULT
            PUSH AX
            MOV AL，N
            MOV AH，00H
            PUSH AX
            MOV DI，0000H
            CALL BRANCH
            MOV AH，4CH
            INT 21H
START       ENDP


BRANCH      PROC NEAR
            PUSH BP
            MOV BP，SP
            PUSH BX
            PUSH AX
            MOV BX，［BP＋DI＋06H］
            MOV AX，［BP＋DI＋04H］
            CMP AX，0000H
            JZ A1
            PUSH BX
            DEC AX
            PUSH AX
            CALL BRANCH        ; 递归调用
            MOV BX，［BP＋DI＋06H］
            MOV AX，［BX］
            PUSH BX
```

```
                        MOV BX, [BP + DI + 04H]
                        MUL BX
                        POP BX
                        JMP A2
        A1:             MOV AX, 0001H
        A2:             MOV RESULT, AX      ；保存结果
                        POP AX
                        POP BX
                        POP BP
                        RET 0004H
        BRANCH          ENDP
        CODE            ENDS
                        END START
```

实验步骤：

（1）分析参考程序，绘制流程图并编写实验程序。

（2）编写实验程序，经编译、链接无误后装载。

（3）变量 N 位于数据段 0000H 单元，N 在 0～8 之间取值，本例程设 N=4。

（4）运行程序，等待程序结束。

（5）变量 RESULT 为计算结果，位于数据段 0001H～0002H 单元，可使用内存或观察窗口查看结果是否正确，本例程中应为 18H（十进制值 24）。

（6）修改变量 N 的值，重复实验步骤（2）～（4），观察实验结果。

实验 2.9　查表程序设计实验

【实验目的】

学习查表程序的设计方法。

【实验设备】

PC 计算机　　　　　 1 台

【实验内容与步骤】

所谓查表，就是根据某个值在数据表格中寻找与之对应的一个数据，在很多情况下，通过查表比通过计算要使程序更简单，更容易编制。

通过查表的方法实现将十六进制数转换为 ASCII 码。根据本章实验 2.3 中的表

2.3.1 可知, 0 ~ 9 的 ASCII 码为 30H ~ 39H, 而 A ~ F 的 ASCII 码为 41H ~ 46H。这样就可以将 0 ~ 9 与 A ~ F 对应的 ASCII 码保存在一个数据表格中。当给定一个需要转换的十六进制数时, 就可以快速地在表格中找出相应的 ASCII 码值。

实验程序参考如下:

```
DATA    SEGMENT                   ; 2 – 9. ASM
TAB     DB 30H, 31H, 32H, 33H, 34H, 35H, 36H, 37H, 38H, 39H
                                  ; 0 ~ 9
        DB 41H, 42H, 43H, 44H, 45H, 46H
                                  ; A ~ F
HEX     DB 9AH                    ; 要转换的数
ASCH    DB?                       ; 高 4 位的 ASCII 码
ASCL    DB?                       ; 低 4 位的 ASCII 码
DATA    ENDS


CODE    SEGMENT
        ASSUME CS: CODE, DS: DATA
START   PROC NEAR
        MOV AX, DATA
        MOV DS, AX
AA1:    MOV AL, HEX               ; 需转换的十六进制数
        MOV AH, AL
        AND AL, 0F0H
        MOV CL, 04H
        SHR AL, CL
        MOV BX, OFFSET TAB        ; 表首地址存放于 BX 中
        XLAT
        MOV ASCH, AL              ; 存放十六进制数高 4 位的 BCD 码
        MOV AL, AH
        AND AL, 0FH
        XLAT
        MOV ASCL, AL             ; 存放十六进制数低 4 位的 BCD 码
        MOV AH, 4CH
        INT 21H
START   ENDP
CODE    ENDS
```

　　　　　　　　END START

实验步骤：

（1）分析参考程序，绘制流程图并编写实验程序。

（2）编写实验程序，经编译、链接无误后装载。

（3）变量 HEX 位于数据段 0010H 单元，本例程设为 9AH。

（4）运行程序，等待程序结束。

（5）变量 ASCH、ASCL 分别位于数据段 0011H、0012 单元。

（6）可使用内存或观察窗口查看 ASCH、ASCL 结果是否正确，本例程中 ASCH = 39H，ASCL = 41H。

（7）反复修改 HEX 变量，观察 ASCH 与 ASCL 的值，验证程序的正确性。

实验 2.10　输入输出程序设计实验

【实验目的】

（1）了解常用的 INT 21H 功能调用的用途及用法。

（2）掌握 MKStudio 软件界面下数据输入和输出的方法。

【实验设备】

PC 计算机　　　　　　1 台

【实验内容与步骤】

INT 21H 功能调用使用说明：

① 入口：AH = 00H 或 AH = 4CH。

功能：程序终止。

② 入口：AH = 01H。

功能：读键盘输入到 AL 中并回显。

③ 入口：AH = 02H，DL = 数据。

功能：写 DL 中的数据到显示屏。

④ 入口：AH = 08H。

功能：读键盘输入到 AL 中无回显。

⑤ 入口：AH = 09H，DS：DX = 字符串首地址，字符串以 " $ " 结束。

功能：显示字符串，直到遇到 " $ " 为止。

⑥ 入口：AH = 0AH，DS：DX = 缓冲区首地址，（DS：DX） = 缓冲区最大字符数，（DS：DX + 1） = 实际输入字符数，（DS：DX + 2） = 输入字符串起始地址。

功能：读键盘输入的字符串到 DS：DX 指定缓冲区中并以回车结束。

1. 显示 A~Z 共26 个大写英文字母实验

在汇编语言中调用 INT 21H 的方法：

```
CODE      SEGMENT                         ; 2 – 10 – 1. ASM
          ASSUME CS：CODE
START     PROC NEAR
          MOV CX，26                       ; 26 个字母
          MOV DL，41H                      ;"A"的 ASCII 码值
          MOV AL，DL
A1：      MOV AH，02H
          INT 21H                         ; 功能调用
          INC DL                          ; 切换下一个字母
          DEC CX
          JNZ A1
          MOV AH，4CH
          INT 21H                         ; 程序终止
START     ENDP
CODE      ENDS
          END START
```

在 C 语言中调用 INT 21H 的方法：

```c
//2 – 10 – 1. C
void main（）
{
    unsigned char count；
    for（count ='A'；count < ='Z'；count ++）
      {
        _DL = count；
        _AH =0x02；
        asm INT 0x21
      }
        _AH =0x4C；
        asm INT 0x21
}
```

实验步骤：

（1）编写实验程序，经编译、链接无误后装载；

（2）运行程序，观察实验结果；

（3）修改程序，使用 AH = 09H 功能（显示字符串）显示"Hello World！"。

2. INT 21H 功能调用示例程序实验

参考实验内容中的 INT 21H 功能调用的方法，实现具有输入输出对话的程序：

```
DATA1      SEGMENT              ; 2 - 10 - 2. ASM
MES1       DB "This is MERKE INT 21H!  $"
DATA1      ENDS
DATA2      SEGMENT
MES2       DB 255 DUP（？）
DATA2      ENDS
CODE       SEGMENT
           ASSUME CS：CODE
START      PROC NEAR
           MOV AH, 08H
           INT 21H               ; 读键盘输入到 AL 中无回显
           MOV AH, 01H
           INT 21H               ; 读键盘输入到 AL 中并回显
           CALL ENTERR           ; 显示回车换行
           MOV CX, 04H           ; 显示"ABCD" 4 个字母
           MOV DL, 41H           ; 字母"A"的 ASCII 码值
AA：       MOV AH, 02H
           INT 21H
           INC DL
           LOOP AA               ; 将 DL 中的数据显示出来
           CALL ENTERR           ; 显示回车换行
           MOV AX, DATA1         ; 显示"This is MERKE INT 21H!"
           MOV DS, AX
           MOV DX, OFFSET MES1
           MOV AH, 09H
           INT 21H
           CALL ENTERR           ; 显示回车换行
           MOV AX, DATA2
           MOV DS, AX
```

```
                MOV DX，OFFSET MES2
                MOV AH，0AH
                INT 21H           ；读入字符串放到数据段 DATA2 中，以回车结束
                ADD DX，02H
                MOV AH，09H
                INT 21H           ；将数据段 DATA2 中的字符串显示出来
                MOV AH，4CH
                INT 21H           ；程序终止
        START   ENDP
        ENTERR  PROC NEAR
                MOV AH，02H
                MOV DL，0DH
                INT 21H           ；回车
                MOV AH，02H
                MOV DL，0AH
                INT 21H           ；换行
                RET
        ENTERR  ENDP
        CODE    ENDS
                END START
```

实验步骤：

（1）编写实验程序，经编译、链接无误后装载。

（2）全速运行实验程序，观察实验结果。

① 等待键盘输入（无回显）；

② 等待键盘输入（有回显）；

③ 以字符显示方式输出"ABCD"字母，并显示换行、回车；

④ 显示"This is MERKE INT 21H!"字符串；

⑤ 等待键盘输入一字符串，以回车键结束；

⑥ 显示刚输入的字符串；

⑦ 程序结束。

（3）仔细分析实验内容，理解常用的 INT 21H 功能调用的用法。

第 3 章

微机接口技术及其应用实验

实验 3.1　存储器扩展实验

【实验目的】

（1）熟悉存储器的电路构成。

（2）掌握存储器读写的编程方法。

【实验设备】

1. PC 计算机　　　　　　　　1 台

2. 8086 微机原理核心板　　　1 块

3. PE86A 接口板　　　　　　 1 块

【实验内容与步骤】

1. 实验内容

本实验用 2 片 6116 构成 2K×16 位的存储器单元。实验电路如图 3.1.1 所示。

编写程序，将 2000~20FFH 共 256 个存储器单元写入特定的数据，通过内存窗口查看该存储空间，检测写入数据是否正确。

2. 实验步骤

（1）在实验装置断电状态下，将微机原理核心板、PE86A 接口板正确安装在底板上。

（2）确保 8086 微机原理核心板、PE86A 接口板左上角的电源开关拨至右侧（ON 位置），打开实验装置工位下方的总开关（向上拨至 ON 位置），此时 8086 微机原理核心板、PE86A 接口板左上角的红色电源指示灯应点亮，表示设备已正常通电。

（3）用排线将核心板的数据总线 D0~D7、D8~D15 分别连接 PE86A 接口板 16 位存储器扩展单元的数据总线 D0~D7、D8~D15；用排线将核心板的地址总线 A0~A7、

A8 ~ A15 分别连接 PE86A 接口板 16 位存储器扩展单元的地址总线 A0 ~ A7、A8 ~ A15；将核心板的存储器读写信号 MER、MEW 分别连接 PE86A 接口板 16 位存储器扩展单元的 MERD、MEWR；将核心板的字节允许控制信号 BHE、BLE 分别连接 PE86A 接口板 16 位存储器扩展单元的 BHE、BLE，如图 3.1.1 所示。

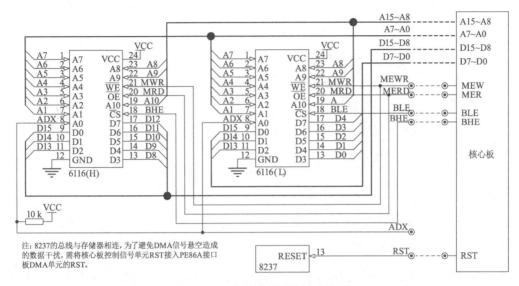

图 3.1.1　存储器扩展实验电路图

特别注意：因存储器单元与 DMA 单元的总线互通，为了避免 DMA 信号悬空造成的数据干扰，需将核心板控制信号单元 RST 接入 PE86A 接口板 DMA 单元的 RST，这样预置了 DMA 的控制信号，确保存储器扩展单元的正常读写。

（4）运行 MKStudio，在弹出的设置通信端口对话框中（见图 3.1.2）选择"硬件联机调试"，再单击"完成"。若 MKStudio 已经在运行且处于脱机状态，请单击工具栏  快捷按钮，该快捷按钮的作用是连接计算机与实验设备。当通信成功时，该按钮自动屏蔽（变为灰色）；当通信失败或使用脱机

图 3.1.2　设置通信端口对话

演示时，该按钮自动恢复，也可以通过观察状态栏信息来判断当前软件工作是在联机调试状态或脱机演示状态。

（5）编写实验程序，经编译、链接无语法错误后装载到实验系统，并切换到内存窗口，在内存窗口单击鼠标右键选择"转到指定地址"，在对话框中输入"2000"再单击"确定"。

（6）运行程序，等待程序结束。

（7）检查内存窗口 2000 ~ 20FFH 共 256 个内存单元数据，是否与程序写入的数据一致。

（8）修改程序，变换写入的数据和长度，观察实验结果。

实验 3.2 8237 可编程 DMA 控制器实验

【实验目的】

（1）学习直接存储器访问（Direct Memory Access）的接口扩展。

（2）掌握 8237 的工作方式和编程方法。

【实验设备】

（1）PC 计算机   1 台

（2）8086 微机原理核心板   1 块

（3）PE86A 接口板   1 块

【实验内容与步骤】

1. 实验内容

直接存储器访问（Direct Memory Access，简称 DMA），是指外部设备不经过 CPU 的干涉，直接实现对存储器的访问。DMA 传送方式可用来实现存储器到存储器、存储器到 I/O 接口、I/O 接口到存储器之间的高速数据传送。实验电路如图 3.2.1 所示。

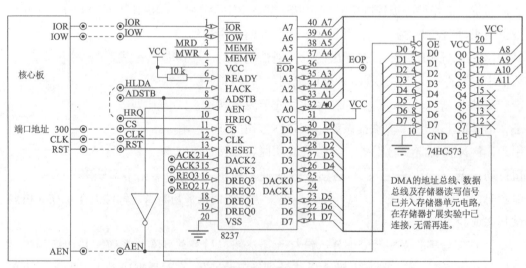

图 3.2.1 8237 可编程 DMA 控制器实验电路图

2. 实验步骤

（1）在实验装置断电状态下，将 8086 微机原理核心板、PE86A 接口板正确安装在底板上。

（2）确保 8086 微机原理核心板、PE86A 接口板左上角的电源开关拨至右侧（ON 位置），打开实验装置工位下方的总开关（向上拨至 ON 位置），此时 8086 微机原理核心板、PE86A 接口板左上角的红色电源指示灯应点亮，表示设备已正常通电。

（3）在本章实验 3.1 存储器扩展实验电路（见图 3.1.1）的基础上，增加 8237 的电路连线：将核心板的端口地址 300 连接 PE86A 接口板 DMA 单元的 CS；将核心板的 I/O 读写信号 IOR、IOW 分别连接 PE86A 接口板 DMA 单元的 IOR、IOW；将核心板的控制信号 AEN、CLK、RST 分别连接 PE84A 接口板 DMA 单元的 AEN、CLK、RST；将 PE86A 接口板 DMA 单元的 HLDA 与 HRQ 相连，如图 3.2.1 所示。

（4）编写实验程序，经编译、链接无语法错误后装载到实验系统。

（5）打开内存窗口，并在内存窗口单击鼠标右键选择"转到指定地址"，在对话框中输入"2000"再单击"确定"。

（6）运行程序，等待程序结束。

（7）检查内存窗口 2010H～201FH 共 16 个内存单元数据，是否与 2000H～200FH 单元一致。

（8）修改程序，变换 DMA 地址范围和数据长度，观察实验结果。

实验 3.3　I/O 扩展实验

【实验目的】

学习在微机接口系统中扩展简单 I/O 设备的基本方法。

【实验设备】

（1）PC 计算机　　　　　　　1 台
（2）8086 微机原理核心板　　 1 块
（3）PE86A 接口板　　　　　　1 块
（4）PEIO 接口板　　　　　　 1 块
（5）PE74X 接口板　　　　　　1 块

【实验内容与步骤】

1. 8 位 I/O 扩展

使用 74HC244 作为缓冲输入端口、74HC273 作为锁存输出端口，构建 8 位 I/O。实验电路如图 3.3.1 所示。

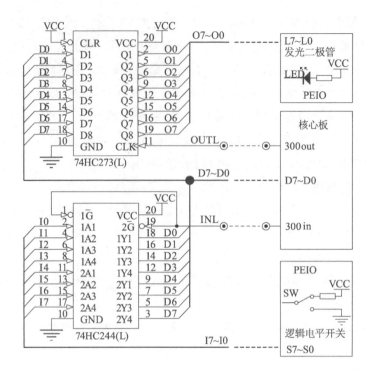

图 3.3.1　8 位 I/O 扩展实验电路图

编写程序，读取 74LS244 缓冲输入接口所连接的 S7～S0 开关数据，写入 74LS273 锁存输出接口，控制 L7～L0 发光二极管的亮灭。

实验步骤：

（1）在实验装置断电状态下，将 8086 微机原理核心板、PE86A 接口板、PEIO 接口板正确安装在底板上，并将 PEIO 接口板右上角的高电平切换开关拨至左侧（5V 位置）。

（2）确保 8086 微机原理核心板、PE86A 接口板、PEIO 接口板左上角的电源开关拨至右侧（ON 位置），打开实验装置工位下方的总开关（向上拨至 ON 位置），此时 8086 微机原理核心板、PE86A 接口板左上角的红色电源指示灯应点亮，表示设备已正常通电。

（3）将核心板的端口地址 300in、300out 分别连接 PE86A 接口板输入输出单元的 INL、OUTL；用排线将核心板的数据总线 D0～D7 连接 PE86A 接口板输入输出单元的 D0～D7；用排线将 PE86A 输入输出单元的 IN0～IN7 连接 PEIO 接口板逻辑电平开关 S0～S7；用排线将 PE86A 输入输出单元的 OUT0～OUT7 连接 PEIO 接口板发光二极管 L0～L7，如图 3.3.1 所示。

（4）编写实验程序，经编译、链接无语法错误后装载到实验系统。

（5）全速运行程序，拨动开关 S7～S0，观察发光二极管 L7～L0 状态。

（6）实验完毕后，应使用暂停命令中止程序的运行。

2. 16 位 I/O 扩展

本实验用 2 片 74HC244（缓冲输入）、2 片 74HC273（锁存输出）构成 16 位 I/O 接口。

编写程序，读取 2 片 74HC244 缓冲输入接口所连接的 S7～S0、B7～B0 电平状态，写入 2 片 74HC273 锁存输出接口，控制 L15～L0 发光二极管的亮灭。实验电路如图 3.3.2 所示。

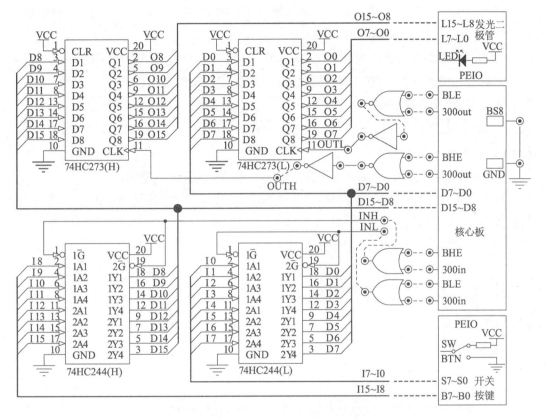

图 3.3.2　16 位 I/O 扩展实验电路图

实验步骤：

（1）在实验装置断电状态下，将 8086 微机原理核心板、PE86A 接口板、PEIO 接口板、PE74X 接口板正确安装在底板上，并将 PEIO 接口板右上角的高电平切换开关拨至左侧（5V 位置）。

（2）确保 8086 微机原理核心板、PE86A 接口板、PEIO 接口板、PE74X 接口板左上角的电源开关拨至右侧（ON 位置），打开实验装置工位下方的总开关（向上拨至 ON 位置），此时 8086 微机原理核心板、PE86A 接口板、PE74X 接口板左上角的红色电源指示灯应点亮，表示设备已正常通电。

（3）将核心板的总线宽度控制信号 BS8 连接 GND（使用 16 位 I/O 总线）；将核心板的 BLE、300in 分别连接 PE74X 接口板的①或门的两个输入端；将 PE74X 接口板的①

或门输出端连接 PE86A 接口板输入输出单元的 INL；将核心板的 BHE、300in 分别连接 PE74X 接口板的②或门的两个输入端；将 PE74X 接口板的②或门输出端连接 PE86A 接口板输入输出单元的 INH；将核心板的 BLE、300out 分别连接 PE74X 接口板的①或非门的两个输入端；将 PE74X 接口板的①或非门输出端连接 PE74X 接口板的①非门输入端；将 PE74X 接口板的①非门输出端连接 PE86A 接口板输入输出单元的 OUTL；将核心板的 BHE、300out 分别连接 PE74X 接口板的②或非门的两个输入端；将 PE74X 接口板的②或非门输出端连接 PE74X 接口板的②非门输入端；将 PE74X 接口板的②非门输出端连接 PE86A 接口板输入输出单元的 OUTH。

（4）用排线将核心板的数据总线 D7 ~ D0、D15 ~ D8 分别连接 PE86A 接口板输入输出单元的 D7 ~ D0、D15 ~ D8；用排线将 PE86A 输入输出单元的 IN7 ~ IN0、IN15 ~ IN8 分别连接 PEIO 接口板逻辑电平开关 S7 ~ S0、独立按键 B7 ~ B0；用排线将 PE86A 输入输出单元的 OUT7 ~ OUT0、OUT15 ~ OUT8 分别连接 PEIO 接口板发光二极管 L7 ~ L0、L15 ~ L8，如图 3.3.2 所示。

（5）编写实验程序，经编译、链接无语法错误后装载到实验系统。

（6）全速运行程序，拨动逻辑电平开关 S0 ~ S7 及按动独立按键 B0 ~ B7，观察发光二极管 L0 ~ L15 状态。

（7）实验完毕后，应使用暂停命令中止程序的运行。

实验 3.4　8255 并行口实验

【实验目的】

（1）学习 8255 的工作方式。

（2）掌握 8255 典型应用电路和输入/输出程序的设计方法。

【实验设备】

（1）PC 计算机　　　　　　　　1 台

（2）8086 微机原理核心板　　　1 块

（3）PE86B 接口板　　　　　　　1 块

（4）PEIO 接口板　　　　　　　1 块

【实验内容与步骤】

1. 8255 A/B/C 口输出方波

编写程序，使 8255 的 PA、PB、PC 口每一位能循环输出高低电平。实验电路如图 3.4.1 所示。

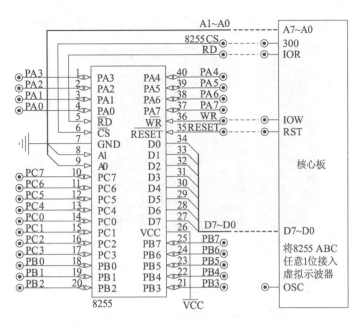

图 3.4.1　8255 输出方波实验电路图

实验步骤：

（1）在实验装置断电状态下，将 8086 微机原理核心板、PE86B 接口板、PEIO 接口板正确安装在底板上，并将 PEIO 接口板右上角的高电平切换开关拨至左侧（5V 位置）。

（2）确保 8086 微机原理核心板、PE86B 接口板、PEIO 接口板左上角的电源开关拨至右侧（ON 位置），打开实验装置工位下方的总开关（向上拨至 ON 位置），此时 8086 微机原理核心板、PE86B 接口板、PEIO 接口板左上角的红色电源指示灯应点亮，表示设备已正常通电。

（3）用排线将核心板的数据总线 D0 ~ D7、地址总线 A0 ~ A7 分别连接 PE86B 接口板总线及控制信号单元的 D0 ~ D7、A0 ~ A1；将核心板的 I/O 读写信号 IOR、IOW 分别连接 PE86B 接口板总线及控制信号单元的 RD、WR；将核心板端口地址单元的 300 连接 PE86B 接口板 8255 并行口单元的 8255CS；将核心板控制信号单元的 RST 连接 PE86B 接口板 8255 并行口单元的 RESET，如图 3.4.1 所示。

（4）编写实验程序，经编译、链接无语法错误后装载到实验系统。

（5）全速运行程序，将 8255 PA、PB、PC 任意一位端口连接到 PEIO 接口板的任意一个发光二极管，应有循环亮灭；也可将 8255 PA、PB、PC 任意一位端口连接到核心板虚拟示波器通道 OSC，单击工具栏 示波器 快捷按钮打开虚拟示波器，单击"启动"，应能观察到 8255 输出方波，如图 3.4.2 所示。

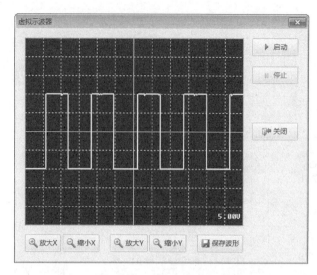

图 3.4.2　虚拟示波器测量 8255 输出方波

（6）实验完毕后，应使用暂停命令中止程序的运行。

2. 8255 PA 输入/PB 输出

编写程序，读取 PA7～PA0 所连接的 S7～S0 开关数据，写入 PB7～PB0，控制 L7～L0 八个发光二极管的亮灭。实验电路如图 3.4.3 所示。

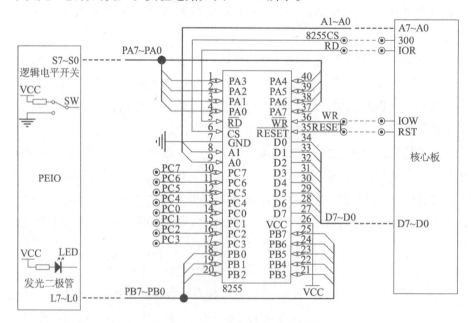

图 3.4.3　8255 输入输出实验电路图

实验步骤：

（1）在实验装置断电状态下，将 8086 微机原理核心板、PE86B 接口板、PEIO 接口板正确安装在底板上，并将 PEIO 接口板右上角的高电平切换开关拨至左侧（5V 位置）。

（2）确保 8086 微机原理核心板、PE86B 接口板、PEIO 接口板左上角的电源开关拨至右侧（ON 位置），打开实验装置工位下方的总开关（向上拨至 ON 位置），此时 8086 微机原理核心板、PE86B 接口板左上角的红色电源指示灯应点亮，表示设备已正常通电。

（3）用排线将核心板的数据总线 D0～D7、地址总线 A0～A7 分别连接 PE86B 接口板总线及控制信号单元的 D0～D7、A0～A1；将核心板的 I/O 读写信号 IOR、IOW 分别连接 PE86B 接口板总线及控制信号单元的 RD、WR；将核心板端口地址单元的 300 连接 PE86B 接口板 8255 并行口单元的 8255CS；将核心板控制信号单元的 RST 连接 PE86B 接口板 8255 并行口单元的 RESET；用排线将 PE86B 接口板 8255 单元的 PA0～PA7 连接 PEIO 接口板逻辑电平开关的 S0～S7；用排线将 PE86B 接口板 8255 单元的 PB0～PB7 连接 PEIO 接口板发光二极管的 L0～L7，如图 3.4.3 所示。

（4）编写实验程序，经编译、链接无语法错误后装载到实验系统。

（5）全速运行程序，拨动开关 S7～S0，观察发光二极管 L7～L0 状态。

（6）实验完毕后，应使用暂停命令中止程序的运行。

3．8255 控制交通灯

用 8255 作输出口，控制 6 个发光二极管亮灭，模拟 1 组交通灯的管理：

（1）程序初始时为 A 路口绿灯亮、B 路口红灯亮；

（2）延迟一段时间后，A 路口由绿灯亮变为黄灯闪烁；

（3）接着 A 路口红灯亮、B 路口绿灯亮；

（4）延迟一段时间后，B 路口由绿灯亮变为黄灯闪烁；

（5）最后循环至初始时继续。

实验电路如图 3.4.4 所示。

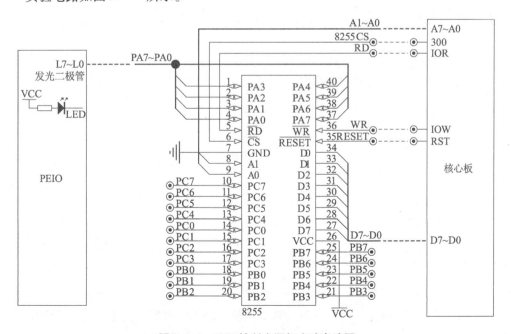

图 3.4.4　8255 控制交通灯实验电路图

实验步骤：

（1）在实验装置断电状态下，将 8086 微机原理核心板、PE86B 接口板、PEIO 接口板正确安装在底板上，并将 PEIO 接口板右上角的高电平切换开关拨至左侧（5V 位置）。

（2）确保 8086 微机原理核心板、PE86B 接口板、PEIO 接口板左上角的电源开关拨至右侧（ON 位置），打开实验装置工位下方的总开关（向上拨至 ON 位置），此时 8086 微机原理核心板、PE86B 接口板左上角的红色电源指示灯应点亮，表示设备已正常通电。

（3）用排线将核心板的数据总线 D0 ~ D7、地址总线 A0 ~ A7 分别连接 PE86B 接口板总线及控制信号单元的 D0 ~ D7、A0 ~ A1；将核心板的 I/O 读写信号 IOR、IOW 分别连接 PE86B 接口板总线及控制信号单元的 RD、WR；将核心板端口地址单元的 300 连接 PE86B 接口板 8255 并行口单元的 8255CS；将核心板控制信号单元的 RST 连接 PE86B 接口板 8255 并行口单元的 RESET；用排线将 PE86B 接口板 8255 单元的 PA7 ~ PA0 连接 PEIO 接口板发光二极管的 L7 ~ L0，如图 3.4.4 所示。

（4）编写实验程序，经编译、链接无语法错误后装载到实验系统。

（5）全速运行程序，观察发光二极管显示，应能循环模拟交通灯显示。

（6）实验完毕后，应使用暂停命令中止程序的运行。

实验 3.5　8259 中断控制器实验

【实验目的】

（1）掌握 8259 中断控制器的工作原理。

（2）学习 8259 的应用编程方法。

【实验设备】

（1）PC 计算机　　　　　　　　1 台

（2）8086 微机原理核心板　　　1 块

（3）PE86B 接口板　　　　　　 1 块

（4）PEIO 接口板　　　　　　　1 块

【实验内容与步骤】

1. 8259 单级中断控制

将 8259 中断控制器的 IRQ7 作为外部中断源，以边沿触发产生中断，并在 MKStudio 的用户屏幕窗口显示相应的中断号。实验电路如图 3.5.1 所示。

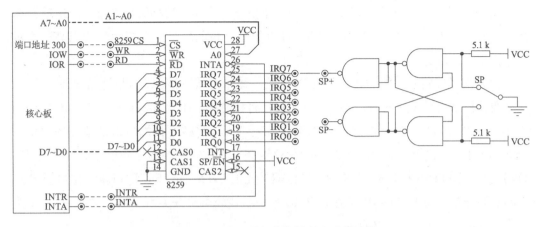

图 3.5.1　8259 单级中断控制实验电路图

实验步骤：

（1）在实验装置断电状态下，将 8086 微机原理核心板、PE86B 接口板正确安装在底板上。

（2）确保 8086 微机原理核心板、PE86B 接口板左上角的电源开关拨至右侧（ON 位置），打开实验装置工位下方的总开关（向上拨至 ON 位置），此时 8086 微机原理核心板、PE86B 接口板左上角的红色电源指示灯应点亮，表示设备已正常通电。

（3）用排线将核心板的数据总线 D0 ~ D7、地址总线 A0 ~ A7 分别连接 PE86B 接口板总线及控制信号单元的 D0 ~ D7、A0 ~ A1；将核心板的 I/O 读写信号 IOR、IOW 分别连接 PE86B 接口板总线及控制信号单元的 RD、WR；将核心板端口地址单元的 300 连接 PE86B 接口板 8259 中断控制器单元的 8259CS；将核心板控制信号单元的 INTA、IN-TR 分别连接 PE86B 接口板 8259 中断控制器单元的 INTA、INTR；将 PE86B 接口板 8259中断控制器单元的 IRQ7 连接 PE86B 接口板单脉冲单元的 SP +，如图 3.5.1 所示。

（4）编写实验程序，经编译、链接无语法错误后装载到实验系统。

（5）全速运行程序，每按一次单脉冲按钮，触发一次中断，进入中断服务程序，屏幕显示中断号"7"。

（6）实验完毕后，应使用暂停命令中止程序的运行。

2. 8259 多级中断控制

将 8259 中断控制器的 IRQ0 ~ IRQ7 作为中断源，以电平触发产生中断，并在数码管显示相应的中断号。实验电路如图 3.5.2 所示。

实验步骤：

（1）在实验装置断电状态下，将 8086 微机原理核心板、PE86B 接口板、PEIO 接口板正确安装在底板上，并将 PEIO 接口板右上角的高电平切换开关拨至左侧（5V 位置）。

（2）确保 8086 微机原理核心板、PE86B 接口板、PEIO 接口板左上角的电源开关拨至右侧（ON 位置），打开实验装置工位下方的总开关（向上拨至 ON 位置），此时 8086 微机原理核心板、PE86B 接口板、PEIO 接口板左上角的红色电源指示灯应点亮，表示设备已正常通电。

（3）用排线将核心板的数据总线 D0 ~ D7、地址总线 A0 ~ A7 分别连接 PE86B 接口板总线及控制信号单元的 D0 ~ D7、A0 ~ A1；将核心板的 I/O 读写信号 IOR、IOW 分别连接 PE86B 接口板总线及控制信号单元的 RD、WR；将核心板端口地址单元的 300 连接 PE86B 接口板 8259 中断控制器单元的 8259CS；将核心板控制信号单元的 INTA、INTR 分别连接 PE86B 接口板 8259 中断控制器单元的 INTA、INTR；将 PE86B 接口板 8259 中断控制器单元的 IRQ0 ~ IRQ7 连接 PEIO 接口板逻辑电平开关 S0 ~ S7，并将 S0 ~ S7 拨至上方低电平，如图 3.5.2 所示。

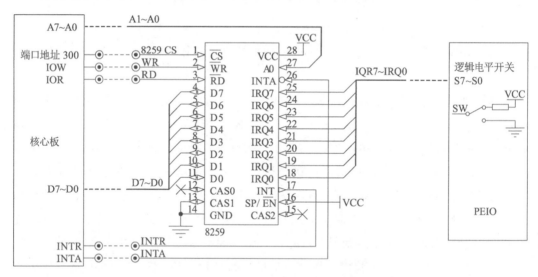

图 3.5.2　8259 中断控制器实验电路图

（4）编写实验程序，经编译、链接无语法错误后装载到实验系统。

（5）全速运行程序，当 S0 ~ S7 任意一位开关置高电平（向下拨）时，进入相应的中断服务程序，数码管显示相应中断号；当多位开关置高电平（向下拨）时，进入优先级高的中断服务程序；当 S0 ~ S7 均为低电平（向上拨）时，退出中断服务程序，返回主程序。

（6）实验完毕后，应使用暂停命令中止程序的运行。

实验 3.6　8251 串行通信应用实验

【实验目的】

（1）了解串行通信的实现原理。

（2）掌握 8251 的工作方式和编程方法。

【实验设备】

（1）PC 计算机　　　　　　　　1 台
（2）8086 微机原理核心板　　　　1 块
（3）PE86C 接口板　　　　　　　1 块

【实验内容与步骤】

1. 实验内容

利用实验系统的 8251 接口芯片，采用自发自收的方法，实现数据收发通信实验。

编程提示：

（1）方式字：异步方式，8 个数据位，1 位起始位，1 个停止位，波特率因子为 16。

（2）TXC、RXC 时钟速率一致，可选速率 F：38.4kHz、76.8kHz、153.6kHz、307.2kHz，波特率 bps = TXC ÷ 16，相应可选 bps：2400、4800、9600、19200。

实验电路如图 3.6.1 与图 3.6.2 所示。

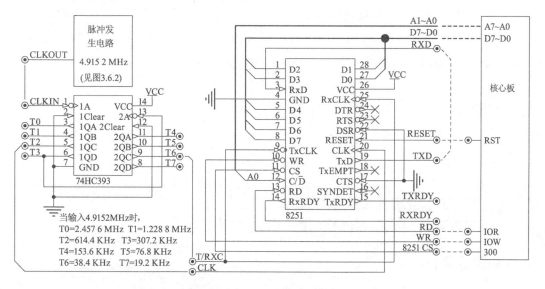

图 3.6.1　8251 串行通信实验电路图

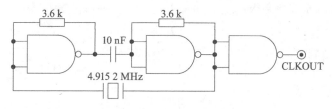

图 3.6.2　脉冲发生器电路图

2. 实验步骤

（1）在实验装置断电状态下，将 8086 微机原理核心板、PE86C 接口板正确安装在底板上。

（2）确保 8086 微机原理核心板、PE86C 接口板左上角的电源开关拨至右侧（ON 位置），打开实验装置工位下方的总开关（向上拨至 ON 位置），此时 8086 微机原理核心板、PE86C 接口板左上角的红色电源指示灯应点亮，表示设备已正常通电。

（3）用排线将核心板的数据总线 D0～D7、地址总线 A0～A7 分别连接 PE86C 接口板总线及控制信号单元的 D0～D7、A0～A1；将核心板的 I/O 读写信号 IOR、IOW 分别连接 PE86C 接口板总线及控制信号单元的 RD、WR；将核心板端口地址单元的 300 连接 PE86C 接口板 8251 串行通信单元的 8251CS；将核心板控制信号单元的 RST 连接 PE86C 接口板 8251 串行通信单元的 RESET；将 PE86C 接口板脉冲发生电路单元的 CLK-OUT 连接 PE86C 接口板分频器单元的 CLKIN；将 PE86C 接口板分频器单元的 T0、T6 分别连接 PE86C 接口板 8251 串行通信单元的 CLK、T/RXC；将 PE86C 接口板 8251 串行通信单元的 TXD、RXD 相连用于自发自收，如图 3.6.1 所示。

（4）编写实验程序，经编译、链接无语法错误后装载到实验系统。

（5）全速运行程序，等待程序结束。

（6）检查内存窗口数据段 0010H～001FH（接收缓冲区）共 16 个内存单元数据，是否与数据段 0000H～000FH（发送缓冲区）的数据一致。

实验 3.7　8253 定时／计数器应用实验

【实验目的】

（1）学习 8253 芯片和微机接口的方法。
（2）掌握 8253 定时/计数器的工作方式和编程原理。

【实验设备】

（1）PC 计算机　　　　　　　　　1 台
（2）8086 微机原理核心板　　　　1 块
（3）PE86C 接口板　　　　　　　　1 块
（4）PEIO 接口板　　　　　　　　　1 块

【实验内容与步骤】

1. 8253 定时器实验

本实验置 8253 的 1 通道、2 通道工作于方式 3，通过级联的方法产生一个周期为 1s

的方波。实验电路如图 3.7.1 所示。

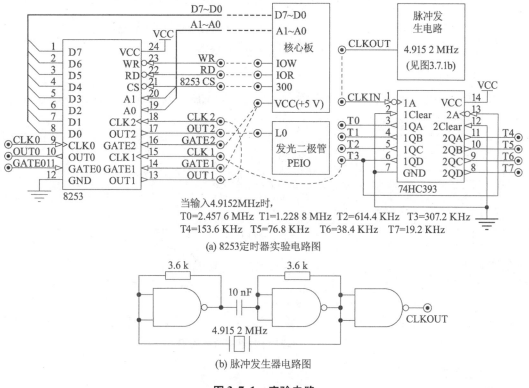

当输入 4.9152MHz 时，
T0=2.457 6 MHz　T1=1.228 8 MHz　T2=614.4 KHz　T3=307.2 KHz
T4=153.6 KHz　T5=76.8 KHz　T6=38.4 KHz　T7=19.2 KHz

(a) 8253 定时器实验电路图

(b) 脉冲发生器电路图

图 3.7.1　实验电路

实验步骤：

（1）在实验装置断电状态下，将 8086 微机原理核心板、PE86C 接口板、PEIO 接口板正确安装在底板上，并将 PEIO 接口板右上角的高电平切换开关拨至左侧（5V 位置）。

（2）确保 8086 微机原理核心板、PE86C 接口板、PEIO 接口板左上角的电源开关拨至右侧（ON 位置），打开实验装置工位下方的总开关（向上拨至 ON 位置），此时 8086 微机原理核心板、PE86C 接口板、PEIO 接口板左上角的红色电源指示灯应点亮，表示设备已正常通电。

（3）用排线将核心板的数据总线 D0 ~ D7、地址总线 A0 ~ A7 分别连接 PE86C 接口板总线及控制信号单元的 D0 ~ D7、A0 ~ A1；将核心板的 I/O 读写信号 IOR、IOW 分别连接 PE86C 接口板总线及控制信号单元的 RD、WR；将核心板端口地址单元的 300 连接 PE86C 接口板 8253 定时计数单元的 8253CS；将核心板控制信号单元的 PE86C 接口板脉冲发生电路单元的 CLKOUT 连接 PE86C 接口板分频器单元的 CLKIN；将 PE86C 接口板分频器单元的 T3 连接 PE86C 接口板 8253 定时计数单元的 CLK1；将 PE86C 接口板 8253 定时计数单元的 OUT1 连接 8253 定时计数单元的 CLK2；将 PE86C 接口板 8253 定时计数单元的 OUT2 连接 PEIO 接口板发光二极管 L0；将 PE86C 接口板 8253 定时计数单元的 GATE1、GATE2 连接到核心板 VCC，如图 3.7.1a 所示。

（4）编写实验程序，经编译、链接无语法错误后装载到实验系统。

（5）全速运行程序，观察发光二极管 L0，应有周期为 1s 的点亮、熄灭。

（6）实验完毕后，应使用暂停命令中止程序的运行。

2．8253 计数器实验

本实验置 8253 的 1 通道工作在方式 3，对输入 CLK1 的脉冲进行计数，满 5 次溢出，使 OUT1 发生一次跳变。实验电路如图 3.7.2 所示。

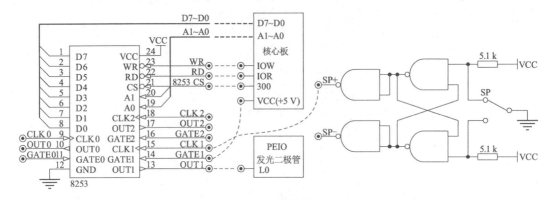

图 3.7.2　8253 计数器实验电路图

实验步骤：

（1）在实验装置断电状态下，将 8086 微机原理核心板、PE86C 接口板、PEIO 接口板正确安装在底板上，并将 PEIO 接口板右上角的高电平切换开关拨至左侧（5V 位置）。

（2）确保 8086 微机原理核心板、PE86C 接口板、PEIO 接口板左上角的电源开关拨至右侧（ON 位置），打开实验装置工位下方的总开关（向上拨至 ON 位置），此时 8086 微机原理核心板、PE86C 接口板、PEIO 接口板左上角的红色电源指示灯应点亮，表示设备已正常通电。

（3）用排线将核心板的数据总线 D0 ~ D7、地址总线 A0 ~ A7 分别连接 PE86C 接口板总线及控制信号单元的 D0 ~ D7、A0 ~ A1；将核心板的 I/O 读写信号 IOR、IOW 分别连接 PE86C 接口板总线及控制信号单元的 RD、WR；将核心板端口地址单元的 300 连接 PE86C 接口板 8253 定时计数单元的 8253CS；将 PE86C 接口板 8253 定时计数单元的 CLK1 连接 PE86C 接口板单脉冲单元的 SP +；将 PE86C 接口板 8253 定时计数单元的 OUT1 连接 PEIO 接口发光二极管 L0；将 PE86C 接口板 8253 定时计数单元的 GATE1 连接到核心板 VCC，如图 3.7.2 所示。

（4）编写实验程序，经编译、链接无语法错误后装载到实验系统。

（5）全速运行程序，按动单脉冲按钮，每按 5 次，发光二极管 L0 发生 1 次跳变。

（6）实验完毕后，应使用暂停命令中止程序的运行。

实验 3.8　键盘与显示设计实验

【实验目的】

(1) 了解键盘扫描、数码显示的基本原理。

(2) 掌握接口电路的设计与编程方法。

【实验设备】

(1) PC 计算机　　　　　　　　1 台

(2) 8086 微机原理核心板　　　　1 块

【实验内容与步骤】

1. 实验内容

本实验使用核心板 8255 的 PA7～PA0 控制数码管字形口，PB5～PB0 作为键盘扫描口，并由 75452 驱动后作为数码管位控制口，PC3～PC0 作为键盘读入口。

利用 CPU 控制 8255，对 4×6 键盘进行扫描和键值读取，将键值显示到 6 位数码管上。核心板 8255 控制口地址为 02DFH，PA、PB、PC 口地址分别为 02DCH、02DDH、02DEH，该端口地址由核心板硬件定义，用户不可变更。实验电路如图 3.8.1 所示。

2. 实验步骤

(1) 实验电路已内部连接，如图 3.8.1 所示。

(2) 编写实验程序，经编译、链接无语法错误后装载到实验系统。

(3) 全速运行程序，按实验系统键盘上的 0～F 数字键，数码管显示对应数字；按 F1～F4 功能键，清除数码管显示。

(4) 实验完毕后，应使用暂停命令中止程序的运行。

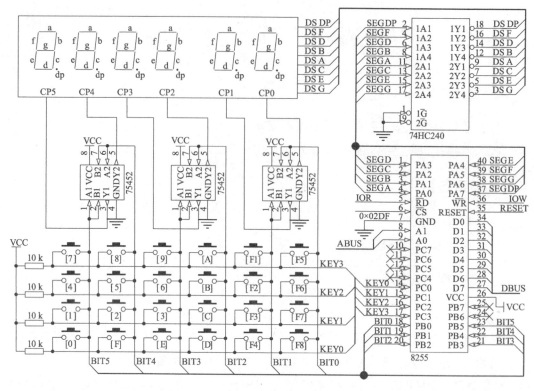

图 3.8.1　键盘与显示设计实验电路图

实验 3.9　A / D 0809 模数转换实验

【实验目的】

（1）了解模/数转换基本原理。

（2）掌握 A/D 0809 的使用方法。

【实验设备】

（1）PC 计算机　　　　　　　　1 台

（2）8086 微机原理核心板　　　　1 块

（3）PEAD 接口板　　　　　　　1 块

（4）PE74X 接口板　　　　　　　1 块

【实验内容与步骤】

1. 实验内容

利用实验系统上的 A/D 0809 作为 A/D 转换器，实验系统的电位器提供模拟量输入，编制程序，将模拟量转换成数字量并显示。实验电路如图 3.9.1 所示。

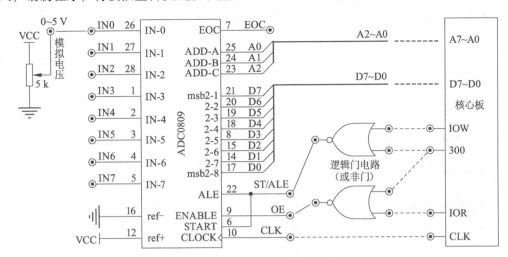

图 3.9.1 A/D 0809 模数转换实验电路图

2. 实验步骤

（1）在实验装置断电状态下，将 8086 微机原理核心板、PEAD 接口板、PE74X 接口板正确安装在底板上。

（2）确保 8086 微机原理核心板、PEAD 接口板、PE74X 接口板左上角的电源开关拨至右侧（ON 位置），打开实验装置工位下方的总开关（向上拨至 ON 位置），此时 8086 微机原理核心板、PEAD 接口板、PE74X 接口板左上角的红色电源指示灯应点亮，表示设备已正常通电。

（3）用排线将核心板的数据总线 D0 ~ D7、地址总线 A0 ~ A7 分别连接到 PEAD 接口板数据总线 D0 ~ D7 和地址总线 A0 ~ A2；将核心板的端口地址 300 同时连接到 PE74X 接口板的①②或非门的一输入端；将核心板 I/O 读信号 IOR 连接到 PE74X 接口板①或非门另一输入端；将核心板 I/O 写信号 IOW 连接到 PE74X 接口板②或非门另一输入端；将 PE74X 接口板的①或非门的输出端连接 PEAD 接口板 ADC0809 单元的 OE；将 PE74X 接口板的②或非门的输出端连接 PEAD 接口板 ADC0809 单元的 ST/ALE；将核心板控制信号 CLK 连接 PEAD 接口板 ADC0808 单元的 CLK；将 PEAD 接口板 ADC0809 单元的 IN0 连接 PEAD 接口板的任意一组 0 ~ 5V 模拟电压，如图 3.9.1 所示。

（3）编写实验程序，经编译、链接无语法错误后装载到实验系统。

（4）全速运行程序，调节 0 ~ 5V 模拟电压，观察数码管显示的 A/D 转换值。

（5）实验完毕后，应使用暂停命令中止程序的运行。

实验 3.10　D／A 0832 数模转换实验

【实验目的】

（1）了解数/模转换的基本原理。

（2）掌握 D／A 0832 芯片的使用方法。

【实验设备】

（1）PC 计算机　　　　　　　　　1 台

（2）8086 微机原理核心板　　　　1 块

（3）PEAD 接口板　　　　　　　　1 块

【实验内容与步骤】

1. 实验内容

编制程序，利用 0832 芯片输出锯齿波。实验电路如图 3.10.1 所示。

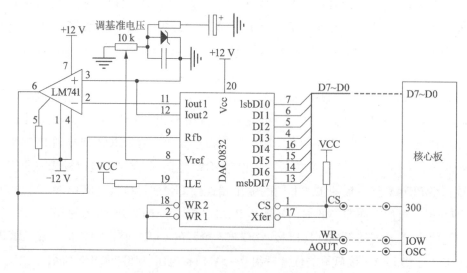

图 3.10.1　D/A 0832 数模转换实验电路图

2. 实验步骤

（1）在实验装置断电状态下，将 8086 微机原理核心板、PEAD 接口板正确安装在底板上。

（2）确保 8086 微机原理核心板、PEAD 接口板左上角的电源开关拨至右侧（ON 位置），打开实验装置工位下方的总开关（向上拨至 ON 位置），此时 8086 微机原理核心板、PEAD 接口板左上角的红色电源指示灯应点亮，表示设备已正常通电。

（3）用排线将核心板的数据总线 D0 ~ D7 连接到 PEAD 接口板数据总线 D0 ~ D7；将核心板的端口地址 300 连接到 PEAD 接口板 DAC0832 单元的 CS；将核心板 I/O 写信号 IOW 连接到 PEAD 接口板 DAC0832 单元的 WR；将 PEAD 接口板 DAC0832 单元的 AOUT 连接核心板虚拟示波器通道 OSC，如图 3.10.1 所示。

（4）编写实验程序，经编译、链接无语法错误后装载到实验系统。

（5）全速运行程序，用虚拟示波器测量 D/A 输出端 AOUT，应有锯齿波输出。

（6）实验完毕后，应使用暂停命令中止程序的运行。

（7）修改程序，变换 D/A 转换数据，输出三角波、方波等。

实验 3.11　V/F 转换实验

【实验目的】

（1）了解 LM331 器件的工作原理及外部电路的连接。

（2）掌握利用 LM331 器件实现 V/F 转换的基本方法。

（3）熟悉简易低频频率计的设计方法。

【实验设备】

（1）PC 计算机	1 台
（2）8086 微机原理核心板	1 块
（3）PEAD 接口板	1 块
（4）PE86C 接口板	1 块

【实验内容与步骤】

1. 实验内容

利用 LM331 器件实现 V/F 转换，将 0 ~ 5V 的模拟电压转换成与模拟量电压变化呈线性关系的频率值，用 8253 设计一个频率计程序，并把所测频率通过数码管显示出来。实验电路如图 3.11.1 所示。

2. 实验步骤

（1）在实验装置断电状态下，将 8086 微机原理核心板、PEAD 接口板、PE86C 接口板正确安装在底板上。

（2）确保 8086 微机原理核心板、PEAD 接口板、PE86C 接口板左上角的电源开关拨至右侧（ON 位置），打开实验装置工位下方的总开关（向上拨至 ON 位置），此时 8086 微机原理核心板、PEAD 接口板、PE86C 接口板左上角的红色电源指示灯应点亮，表示设备已正常通电。

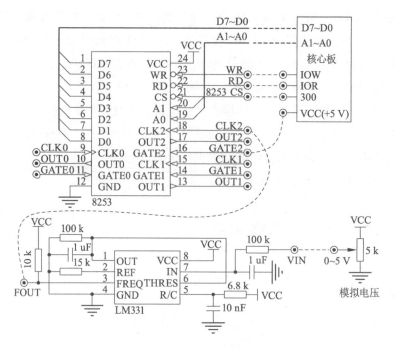

图 3.11.1 V/F 转换实验电路图

（3）用排线将核心板的数据总线 D0 ~ D7、地址总线 A0 ~ A7 分别连接 PE86C 接口板总线及控制信号单元的 D0 ~ D7、A0 ~ A1；将核心板的 I/O 读写信号 IOR、IOW 分别连接 PE86C 接口板总线及控制信号单元的 RD、WR；将核心板端口地址单元的 300 连接 PE86C 接口板 8253 定时计数单元的 8253CS；将 PE86C 接口板 8253 定时计数单元的 CLK2 连接 PEAD 接口板电压频率转换单元的 FOUT；将 PE86C 接口板 8253 定时计数单元的 GATE2 连接到 +5V；将 PEAD 接口板电压频率转换单元的 VIN 连接 PEAD 接口板的任意一组 0 ~ 5V 模拟电压，如图 3.11.1 所示。

（4）编写实验程序，经编译、链接无语法错误后装载到实验系统。

（5）全速运行程序，调节 0 ~ 5V 模拟电压输入，数码管显示输出的频率。

（6）实验完毕后，应使用暂停命令中止程序的运行。

实验 3.12 PWM 电压转换实验

【实验目的】

了解脉宽调制（PWM）的原理，学习使用 PWM 输出模拟量。

【实验设备】

（1）PC 计算机   1 台

（2）8086 微机原理核心板　　　　　　 1 块

（3）PEAD 接口板　　　　　　　　　　 1 块

（4）PE86B 接口板　　　　　　　　　　 1 块

【实验内容与步骤】

1. 实验内容

固定周期内，改变脉宽（即修改其占空比），再经积分电路形成直流电压，从而实现对电机等设备的速度控制。用 8255 的 PA0 输出不同占空比的脉冲，通过 PWM 转换成电压输出。实验电路如图 3.12.1 所示。

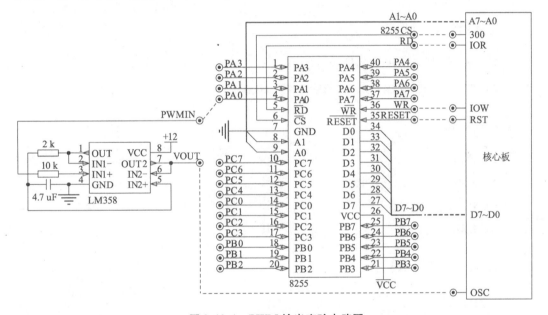

图 3.12.1　PWM 输出实验电路图

2. 实验步骤

（1）在实验装置断电状态下，将 8086 微机原理核心板、PEAD 接口板、PE86B 接口板正确安装在底板上。

（2）确保 8086 微机原理核心板、PEAD 接口板、PE86B 接口板左上角的电源开关拨至右侧（ON 位置），打开实验装置工位下方的总开关（向上拨至 ON 位置），此时 8086 微机原理核心板、PEAD 接口板、PE86B 接口板左上角的红色电源指示灯应点亮，表示设备已正常通电。

（3）用排线将核心板的数据总线 D0～D7、地址总线 A0～A7 分别连接 PE86B 接口板总线及控制信号单元的 D0～D7、A0～A1；将核心板的 I/O 读写信号 IOR、IOW 分别连接 PE86B 接口板总线及控制信号单元的 RD、WR；将核心板端口地址单元的 300 连接 PE86B 接口板 8255 并行口单元的 8255CS；将核心板控制信号单元的 RST 连接 PE86B 接口板 8255 并行口单元的 RESET；将 PE86B 接口板 8255 并行口单元的 PA0 连接 PEAD

接口板 PWM 电压转换单元的 PWMIN；将 PEAD 接口板 PWM 电压转换单元的 VOUT 连接核心板虚拟示波器 OSC，如图 3.12.1 所示。

（4）编写实验程序，经编译、链接无语法错误后装载到实验系统。

（5）全速运行程序，使 8255 PA0 输出占空比为 50% 的脉冲，将 PWM 电压转换单元的 VOUT 连接核心板虚拟示波器通道 OSC，观察采集的电压，约接近 2.5V。

（6）实验完毕后，应使用暂停命令中止程序的运行。

实验 3.13 LCD 128×64 液晶显示实验

【实验目的】

（1）掌握图形液晶模块的控制方法。
（2）学习液晶驱动程序及高级接口函数的编写。

【实验设备】

（1）PC 计算机	1 台
（2）8086 微机原理核心板	1 块
（3）PEDISP1 接口板	1 块
（4）PE74X 接口板	1 块

【实验内容与步骤】

1. 实验内容

控制字符型液晶模块，在屏幕上显示字符串。实验电路如图 3.13.1 所示。

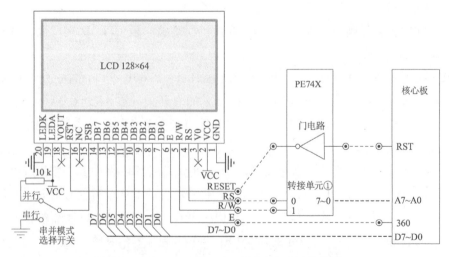

图 3.13.1 LCD 128×64 液晶显示实验电路图

2．实验步骤

（1）在实验装置断电状态下，将 8086 微机原理核心板、PEDISP1 接口板、PE74X 接口板正确安装在底板上。

（2）确保 8086 微机原理核心板、PEDISP1 接口板、PE74X 接口板左上角的电源开关拨至右侧（ON 位置），打开实验装置工位下方的总开关（向上拨至 ON 位置），此时 8086 微机原理核心板、PEDISP1 接口板、PE74X 接口板左上角的红色电源指示灯应点亮，表示设备已正常通电。

（3）用排线将核心板的数据总线 D0～D7 连接 PEDISP1 接口板图形液晶单元的 D0～D7；用排线将核心板的地址总线 A0～A7 连接 PE74X 接口板转接单元①的 0～7；将 PE74X 接口板转接单元①的 0（A0）、1（A1）接线孔分别连接 PEDISP1 接口板图形液晶单元的 RS、R／W；将核心板端口地址单元的 360 连接 PEDISP1 接口板图形液晶单元的 E；将核心板控制信号单元的 RST 连接 PE74X 接口板非门输入端，该非门输出端连接 PEDISP1 接口板图形液晶单元的 RESET；将图形液晶单元下方的拨动开关置为"并行"状态，如图 3.13.1 所示。

（4）编写实验程序，经编译、链接无语法错误后装载到实验系统。

（5）全速运行程序，观察液晶模块，应能显示中英文字符串。

（6）实验完毕后，应使用暂停命令中止程序的运行。

实验 3.14　音频控制实验

【实验目的】

学习用 8253 定时／计数器输出信号使蜂鸣器发声的方法。

【实验设备】

（1）PC 计算机　　　　　　　　 1 台
（2）8086 微机原理核心板　　　 1 块
（3）PESER 接口板　　　　　　　1 块
（4）PE86C 接口板　　　　　　　1 块

【实验内容与步骤】

1．实验内容

学习用 8253 定时／计数器输出不同的频率，使无源蜂鸣器发出不同音阶的声音。实验电路如图 3.14.1 所示。

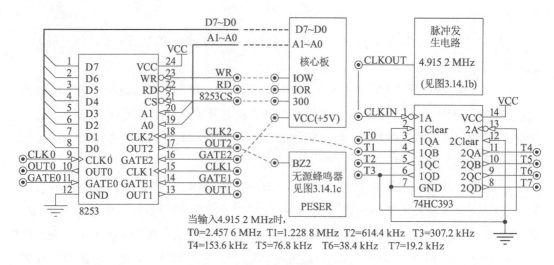

当输入 4.915 2 MHz 时，
T0=2.457 6 MHz T1=1.228 8 MHz T2=614.4 kHz T3=307.2 kHz
T4=153.6 kHz T5=76.8 kHz T6=38.4 kHz T7=19.2 kHz

(a) 音频驱动实验电路图

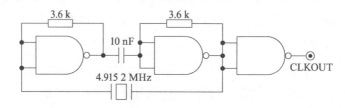

(b) 脉冲发生器电路图

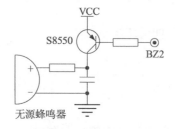

(c) 无源蜂鸣器电路图

图 3.14.1 实验电路

2. 实验步骤

（1）在实验装置断电状态下，将 8086 微机原理核心板、PESER 接口板、PE86C 接口板正确安装在底板上，并将 PESER 接口板右上角的高电平切换开关拨至左侧（5V 位置）。

（2）确保 8086 微机原理核心板、PESER 接口板、PE86C 接口板左上角的电源开关拨至右侧（ON 位置），打开实验装置工位下方的总开关（向上拨至 ON 位置），此时8086 微机原理核心板、PESER 接口板、PE86C 接口板左上角的红色电源指示灯应点亮，表示设备已正常通电。

（3）用排线将核心板的数据总线 D0～D7、地址总线 A0～A7 分别连接 PE86C 接口板总线及控制信号单元的 D0～D7、A0～A1；将核心板的 I/O 读写信号 IOR、IOW 分别连接 PE86C 接口板总线及控制信号单元的 RD、WR；将核心板端口地址单元的 300 连接 PE86C 接口板 8253 定时计数单元的 8253CS；将核心板控制信号单元的将 PE86C 接口板脉冲发生电路单元的 CLKOUT 连接 PE86C 接口板分频器单元的 CLKIN；将 PE86C 接口板分频器单元的 T1 连接 PE86C 接口板 8253 定时计数单元的 CLK2；将 PE86C 接口板 8253 定时计数单元的 OUT2 连接 PESER 接口板无源蜂鸣器 BZ2；将 PE86C 接口板 8253 定时计数单元的 GATE2 连接到 +5V，如图 3.14.1a 所示。

（4）音乐播放：编写程序，控制 8253，使其输出连接到蜂鸣器上能发出相应的乐曲；全速运行程序，无源蜂鸣器开始演奏音乐。

（5）简易电子琴：编写程序，使用 INT 21H 功能调用读取 PC 键盘 1～8 的值，使 8253 输出不同的频率，控制无源蜂鸣器发出不同的音阶；经编译、链接无语法错误后装载到实验系统；全速运行程序，按 PC 键盘 1～8 数字键，蜂鸣器开始发出相应的音阶。

（6）实验完毕后，应使用暂停命令中止程序的运行。

实验 3.15　数字温度传感器实验

【实验目的】

学习 DS18B20 数字温度传感器的编程方法。

【实验设备】

（1）PC 计算机　　　　　　　　1 台
（2）8086 微机原理核心板　　　　1 块
（3）PESER 接口板　　　　　　　1 块
（4）PE86B 接口板　　　　　　　1 块

【实验内容与步骤】

1．实验内容

使用 8255 的 PC0 控制 DS18B20 的 DQ 管脚，完成对数字温度传感器 DS18B20 的初始化及温度示数的读取。实验电路如图 3.15.1 所示。

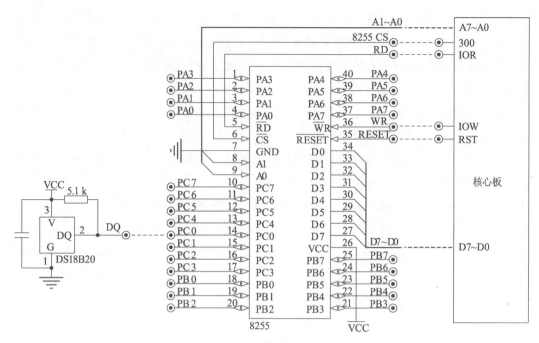

图 3.15.1 温度测量实验电路图

2. 实验步骤

（1）在实验装置断电状态下，将 8086 微机原理核心板、PESER 接口板、PE86B 接口板正确安装在底板上，并将 PEIO 接口板右上角的高电平切换开关拨至左侧（5V 位置）。

（2）确保 8086 微机原理核心板、PESER 接口板、PE86B 接口板左上角的电源开关拨至右侧（ON 位置），打开实验装置工位下方的总开关（向上拨至 ON 位置），此时 8086 微机原理核心板、PESER 接口板、PE86B 接口板左上角的红色电源指示灯应点亮，表示设备已正常通电。

（3）用排线将核心板的数据总线 D0 ~ D7、地址总线 A0 ~ A7 分别连接 PE86B 接口板总线及控制信号单元的 D0 ~ D7、A0 ~ A1；将核心板的 I/O 读写信号 IOR、IOW 分别连接 PE86B 接口板总线及控制信号单元的 RD、WR；将核心板端口地址单元的 300 连接 PE86B 接口板 8255 并行口单元的 8255CS；将核心板控制信号单元的 RST 连接 PE86B 接口板 8255 并行口单元的 RESET；将 PE86B 接口板 8255 并行口单元的 PC0 连接 PESER 接口板数字温度传感器单元的 DQ，如图 3.15.1 所示。

（4）编写实验程序，经编译、链接无语法错误后装载到实验系统。

（5）全速运行程序，显示当前环境温度值。

（6）实验完毕后，应使用暂停命令中止程序的运行。

实验 3.16　继电器控制实验

【实验目的】

掌握继电器控制的基本方法和编程。

【实验设备】

（1）PC 计算机　　　　　　　　1 台

（2）8086 微机原理核心板　　　1 块

（3）PEMOT 接口板　　　　　　 1 块

（4）PE86B 接口板　　　　　　　1 块

（5）PEIO 接口板　　　　　　　 1 块

【实验内容与步骤】

1．实验内容

在自动化控制设备中都存在电子与电气电路的互相连接问题，一方面，要使电子电路的控制信号能够控制电气电路的执行对象（电机、电磁铁、电灯等）；另一方面，又要为电子提供良好的电隔离，以保护电子电路和人身的安全。使用继电器便可达到这一目的。

利用 8255 PA0 输出高低电平来控制继电器的吸合与断开，以实现对外部装置的控制。实验电路如图 3.16.1 所示。

2．实验步骤

（1）在实验装置断电状态下，将 8086 微机原理核心板、PEMOT 接口板、PE86B 接口板、PEIO 接口板正确安装在底板上，并将 PEIO 接口板右上角的高电平切换开关拨至左侧（5V 位置）。

（2）确保 8086 微机原理核心板、PEMOT 接口板、PE86B 接口板、PEIO 接口板左上角的电源开关拨至右侧（ON 位置），打开实验装置工位下方的总开关（向上拨至 ON 位置），此时 8086 微机原理核心板、PEMOT 接口板、PE86B 接口板、PEIO 接口板左上角的红色电源指示灯应点亮，表示设备已正常通电。

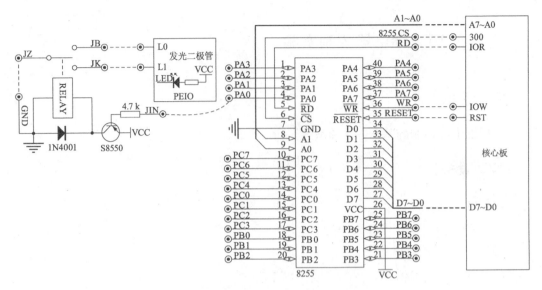

图 3. 16. 1 继电器控制实验电路图

（3）用排线将核心板的数据总线 D0 ~ D7、地址总线 A0 ~ A7 分别连接 PE86B 接口板总线及控制信号单元的 D0 ~ D7、A0 ~ A1；将核心板的 I/O 读写信号 IOR、IOW 分别连接 PE86B 接口板总线及控制信号单元的 RD、WR；将核心板端口地址单元的 300 连接 PE86B 接口板 8255 并行口单元的 8255CS；将核心板控制信号单元的 RST 连接 PE86B 接口板 8255 并行口单元的 RESET；将 PE86B 接口板 8255 并行口单元的 PA0 连接 PEMOT 接口板继电器单元的 JIN；PEMOT 接口板继电器单元公共端 JZ 连接 GND（插孔位于核心板），继电器的常开端 JK、常闭端 JB 分别连接 PEIO 接口板发光二极管 L1、L2，如图 3. 16. 1 所示。

（4）编写实验程序，经编译、链接无语法错误后装载到实验系统。

（5）全速运行程序，继电器循环吸合、断开，同时发光二极管 L1 和 L2 轮替跳变。

（6）实验完毕后，应使用暂停命令中止程序的运行。

实验 3.17 步进电机控制实验

【实验目的】

（1）了解步进电机控制的基本原理。

（2）掌握步进电机转动编程方法。

【实验设备】

（1）PC 计算机   1 台

（2）8086 微机原理核心板   1 块

（3）PEMOT 接口板　　　　　　　　　1 块

（4）PE86B 接口板　　　　　　　　　1 块

【实验内容与步骤】

1．实验内容

步进电机驱动原理是通过对它每组线圈中的电流的顺序切换来使电机作步进式旋转，驱动电路由脉冲信号作控制，所以调节脉冲信号的频率便可改变步进电机的转速。

利用 8255 的 PA0 ~ PA3 输出脉冲信号，驱动步进电机转动。实验电路如图 3.17.1 所示。

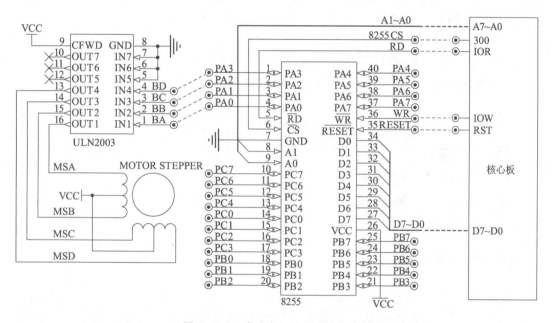

图 3.17.1　步进电机控制实验电路图

2．实验步骤

（1）在实验装置断电状态下，将 8086 微机原理核心板、PEMOT 接口板、PE86B 接口板正确安装在底板上。

（2）确保 8086 微机原理核心板、PEMOT 接口板、PE86B 接口板左上角的电源开关拨至右侧（ON 位置），打开实验装置工位下方的总开关（向上拨至 ON 位置），此时 8086 微机原理核心板、PEMOT 接口板、PE86B 接口板左上角的红色电源指示灯应点亮，表示设备已正常通电。

（3）用排线将核心板的数据总线 D0 ~ D7、地址总线 A0 ~ A7 分别连接 PE86B 接口板总线及控制信号单元的 D0 ~ D7、A0 ~ A1；将核心板的 I/O 读写信号 IOR、IOW 分别连接 PE86B 接口板总线及控制信号单元的 RD、WR；将核心板端口地址单元的 300 连接 PE86B 接口板 8255 并行口单元的 8255CS；将核心板控制信号单元的 RST 连接 PE86B

接口板 8255 并行口单元的 RESET；将 PE86B 接口板 8255 并行口单元的 PA0、PA1、PA2、PA3 分别连接 PEMOT 接口板步进电机单元的 BA、BB、BC、BD，如图 3.17.1 所示。

（4）编写实验程序，经编译、链接无语法错误后装载到实验系统。

（5）全速运行程序，观察步进电机转动情况。

（6）实验完毕后，应使用暂停命令中止程序的运行。

实验 3.18　直流电机控制实验

【实验目的】

（1）学习直流电机的驱动原理。

（2）掌握使用 D/A 转换器对直流电机的控制方法。

【实验设备】

（1）PC 计算机	1 台
（2）8086 微机原理核心板	1 块
（3）PEMOT 接口板	1 块
（4）PEAD 接口板	1 块

【实验内容与步骤】

1. 实验内容

改变 D/A 转换器的输出，经放大后电压控制直流电机的转速。实验电路如图 3.18.1 所示。

2. 实验步骤

（1）在实验装置断电状态下，将 8086 微机原理核心板、PEMOT 接口板、PEAD 接口板正确安装在底板上。

（2）确保 8086 微机原理核心板、PEMOT 接口板、PEAD 接口板左上角的电源开关拨至右侧（ON 位置），打开实验装置工位下方的总开关（向上拨至 ON 位置），此时 8086 微机原理核心板、PEMOT 接口板、PEAD 接口板左上角的红色电源指示灯应点亮，表示设备已正常通电。

（3）用排线将核心板的数据总线 D0 ~ D7 连接到 PEAD 接口板数据总线 D0 ~ D7；将核心板的端口地址 300 连接到 PEAD 接口板 DAC0832 单元的 CS；将核心板 I/O 写信号 IOW 连接到 PEAD 接口板 DAC0832 单元的 WR；将 PEAD 接口板 DAC0832 单元的 AOUT 连接 PEMOT 接口板直流电机单元的 VCMT（D/A 转换器的电路请参考图 3.10.1

并把直流电机下方的开关拨至模拟量控制。

（4）编写实验程序，经编译、链接无语法错误后装载到实验系统。

（5）全速运行程序，直流电机开始循环停转、中速转动、高速转动。

（6）实验完毕后，应使用暂停命令中止程序的运行。

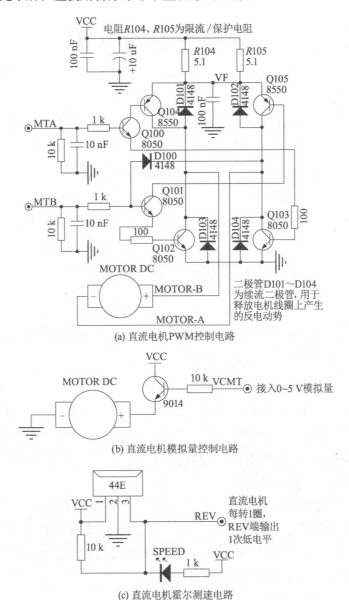

(a) 直流电机PWM控制电路

(b) 直流电机模拟量控制电路

(c) 直流电机霍尔测速电路

图 3.18.1　实验电路

第 4 章

32 位程序设计实验

在实模式下，80x86 相当于一个可进行 32 位处理的快速 8086；在实模式下为 80x86 编写的程序可利用 32 位的通用寄存器，可使用新的指令，采用扩展寻址方式，但段的最大长度仍是 64K。本章介绍 32 位指令及程序设计方式。

1. 声明处理器类型的伪指令

在默认情况下，MASM 和 TASM 只识别 8086/8088 的指令，为了让其识别 80x86 新增的指令或功能增强的指令，必须告诉汇编程序处理器的类型，如：

.8086	；编译器默认，仅使用 8086/8088 指令	
.386 或 .386C	；使用 80x86 非特权（实模式）指令	
.386P	；使用 80x86 全部指令（包括特权指令）	

只有在使用声明处理器类型是 80X86 伪指令后，汇编程序才识别表示 32 位寄存器的符号和表示始于 80x86 指令的助记符。

2. 关键段属性类型的声明

在实模式下，80x86 的段保持与 8086/8088 兼容，所以段的最大长度仍是 64K，这样的段称为 16 位段。但在保护模式下，段长度可达到 4G，这样的段称为 32 位段。为了兼容，在保护模式下，也可使用 16 位段。

完整段定义的一般格式如下：

段名　　SEGMENT［定位类型］［组合类型］［类别］［属性类型］

属性类型说明符号是 "USE16" 和 "USE32"。各表示 16 位段和 32 位段。在使用 ".386" 等伪指令指示处理器类型 80x86 后，缺省的属性类型是 USE32；如果没有指示处理器类型 80x86，那么缺省的属性类型是 USE16。

例如，定义一个 32 位段：

CSEG　SEGMENT PARA USE32

…

CSEG　　ENDS

例如，定义一个 16 位段：

CSEG　SEGMENT PARA USE16

…

　　CSEG　ENDS

3．操作数和地址长度前缀

　　虽然在实模式下只能使用 16 位段，但可以使用 32 位操作数，也可使用以 32 位形式表示的存储单元地址，这是利用操作数长度前缀 66H 和存储器地址长度前缀 67H 来表示的。

　　在 16 位代码段中，正常操作数的长度是 16 位或 8 位。在指令前加上操作数长度前缀 66H 后，操作数长度就成为 32 位或 8 位，也即原来表示 16 位操作数的代码成为表示 32 位操作数的代码。一般情况下，不在源程序中直接使用操作数长度前缀，而是直接使用 32 位操作数，操作数长度前缀由汇编程序在汇编时自动加上。

　　试比较如下在 16 位代码段中的汇编格式指令和对应的机器码（注释部分）：

　　.386

　　TEST16　SEGMENT PARA USE16

　　　　…

　　　　　　　　　　　　　　　　; 66H
　　　　MOV EAX, EBX　　; 8BH C3H
　　　　MOV AX, BX　　　; 8BH C3H
　　　　MOV AL, BL　　　; 8AH C3H

　　　　…

　　TEST16　ENDS

　　32 位代码段情况恰好相反。在 32 位代码段中，正常操作数长度是 32 位或 8 位。在指令前加上操作数长度前缀 66H 后，操作数长度就成为 16 位或 8 位。不在 32 位代码的源程序中直接使用操作数长度前缀 66H 表示使用 16 位操作数，而是直接使用 16 位操作数，操作数长度前缀由汇编程序在汇编时自动加上。

　　试比较如下在 32 位代码段中的汇编格式指令和对应的机器码（注释部分）：

　　.386

　　TEST32　SEGMENT PARA USE32

　　　　…

　　　　MOV EAX, EBX　　; 8BH C3H
　　　　　　　　　　　　　　　　; 66H
　　　　MOV AX, BX　　　; 8BH C3H
　　　　MOV AL, BL　　　; 8AH C3H

　　　　…

　　TEST32　ENDS

　　通过存储器地址长度前缀 67H 区分 32 位存储器地址和 16 位存储器地址的方法与上

述通过操作数长度前缀 66H 区分 32 位操作数和 16 位操作数的方法类似。在源程序中可根据需要使用 32 位地址，或者 16 位地址。汇编程序在汇编程序时，对于 16 位的代码段，在使用 32 位存储器地址的指令前加上前缀 67H；对于 32 位代码段，在使用 16 位存储器地址的指令前加上前缀 67H。

在一条指令前能既有操作数长度前缀 66H，又有存储器地址长度前缀 67H。

实验 4.1　32 位数据排序实验

【实验目的】

（1）熟悉 32 位通用寄存器的使用。

（2）熟悉部分新增指令的使用。

（3）熟悉部分扩展寻址方式的使用。

【实验设备】

PC 计算机　　　　　1 台

【实验内容与步骤】

1. 实验内容

编写一个汇编程序，学习 32 位寄存器和 32 位指令使用的基本用法，对存储区中的一组双字进行排序，并将排序结果显示在屏幕上。

```
        .386        ; 4 – 1. ASM
TSTACK    SEGMENT STACK USE16
          DB 64 DUP （?）
TSTACK    ENDS

DATA      SEGMENT USE16
MES1      DB "Before sort：$"
MES2      DB "After sort：$"
DATA1     DD 19890604H, 00008086H, 19111010H, 00080386H
          DD 19120101H, 11223344H, 00000032H, 12345678H
COUNT     =8
DATA      ENDS

CODE      SEGMENT USE16
```

```
                ASSUME CS: CODE, DS: DATA
START       PROC NEAR
                MOV AX, DATA                    ; 显示未排序的数组
                MOV DS, AX
                MOV DX, OFFSET MES1
                MOV AH, 09H
                INT 21H
                CALL KENTER                     ; 换行
                CALL SAHEX
                CALL KENTER
                CALL BUBBLE                     ; 显示排序后的数组
                MOV DX, OFFSET MES2
                MOV AH, 09H
                INT 21H
                CALL KENTER
                CALL SAHEX
                CALL KENTER
                MOV AH, 4CH
                INT 21H                         ; 程序终止
START       ENDP


BUBBLE      PROC
                XOR ESI, ESI
                XOR ECX, ECX
                MOV SI, OFFSET DATA1
                MOV CX, COUNT
L1:         XOR EBX, EBX
L2:         CMP EBX, ECX
                JAE LB
                MOV EAX, [ESI + EBX * 4 + 4]
                CMP [ESI + EBX * 4], EAX
                JGE LNS
                XCHG [ESI + EBX * 4], EAX
                MOV [ESI + EBX * 4 + 4], EAX
LNS:        INC EBX
```

```
                JMP L2
LB：            LOOP L1
                RET
BUBBLE    ENDP


SAHEX      PROC NEAR
                XOR ESI，ESI
                XOR ECX，ECX
                MOV SI，OFFSET DATA1
                MOV CX，COUNT * 4
C1：            MOV EBX，ECX
                DEC EBX
                MOV AL，DS：［ESI + EBX］
                AND AL，0F0H                    ; 取高 4 位
                SHR AL，4
                CMP AL，0AH                     ; 是否是 A 以上的数
                JB C2
                ADD AL，07H
C2：            ADD AL，30H
                MOV DL，AL
                MOV AH，02H
                INT 21H                        ; 显示字符
                MOV AL，DS：［ESI + EBX］
                AND AL，0FH                     ; 取低 4 位
                CMP AL，0AH
                JB C3
                ADD AL，07H
C3：            ADD AL，30H
                MOV DL，AL                      ; 显示字符
                MOV AH，02H
                INT 21H
                TEST EBX，03H
                JNZ C4
                MOV DL，' '
                MOV AH，02H
```

```
                INT 21H                          ; 插入空格
C4：            LOOP C1
                RET
SAHEX           ENDP


KENTER          PROC NEAR
                MOV AH，02H
                MOV DL，0DH
                INT 21H                          ; 回车
                MOV AH，02H
                MOV DL，0AH
                INT 21H                          ; 换行
                RET
KENTER          ENDP


CODE            ENDS
                END START
```

2．实验步骤

（1）单击 MKStudio 菜单栏"设置"→"设置工作方式"项打开对话框，选择需要使用的目标 CPU 型号，因本实验例程仅使用 32 位指令编程，所以将目标 CPU 型号设置为"80386/80486"，以使寄存器窗口采用 32 位方式显示，最后单击"确定"按钮保存设置。

（2）编写实验程序，经编译、链接无误后装载。

（3）运行程序，观察运行结果，应显示如下信息：

Before sort：

12345678 00000032 11223344 19120101 00080386 19111010 00008086 19890604

After sort：

00000032 00008086 00080386 11223344 12345678 19111010 19120101 19890604

实验 4.2　32 位码制转换实验

【实验目的】

（1）熟悉并掌握 32 位通用寄存器的使用。

（2）加深对部分新增的 32 位指令的理解。

【实验设备】

PC 计算机　　　　　　1 台

【实验内容及步骤】

1. 实验内容

编写一个汇编程序，学习 32 位寄存器和 32 位指令使用的基本用法，将一组 ASCII 字符转换成十六进制数码，并在屏幕上显示出来。

```
.386          ; 4 - 2. ASM


TSTACK    SEGMENT STACK USE16
          DB 64 DUP（?）
TSTACK    ENDS


DATA      SEGMENT USE16
MES0      DB "www. MERKE. com. cn $"
                    ; 77 77 77 2E 4D 45 52 4B 45 2E 63 6F 6D 2E 63 6E
CBYTE     = $ - MES0 — 1              ; 转换不含'$'
MES1      DB "This string of hexadecimal code：$"
BUF       DB 65 DUP（?）
DATA      ENDS


CODE      SEGMENT USE16
          ASSUME CS：CODE，DS：DATA
START     PROC NEAR
          MOV AX, DATA
          MOV DS, AX
          MOV DX, OFFSET MES0          ; 显示"www. MERKE. com. cn"
          MOV AH, 09H
          INT 21H
          CALL KENTER
          MOV DX, OFFSET MES1    ; 显示"This string of hexadecimal code："
          MOV AH, 09H
          INT 21H
          CALL KENTER
```

```
              CALL SAHEX
              MOV DX, OFFSET BUF
              MOV AH, 09H
              INT 21H
              CALL KENTER
              MOV AH, 4CH
              INT 21H                          ; 程序终止
START         ENDP


SAHEX         PROC NEAR
              PUSHAD                           ; 将所有 32 位寄存器压栈
              MOV DI, OFFSET MES0
              MOVZX EDI, DI                    ; 零扩展指令
              MOV AX, DATA
              MOV GS, AX                       ; 使用 GS 段
              MOV SI, OFFSET BUF
              MOVZX ESI, SI
              MOV ECX, CBYTE
C1:           MOV AL, DS: [EDI]
              AND AL, 0F0H                     ; 取高 4 位
              SHR AL, 4
              CMP AL, 0AH                      ; 是否是 A 以上的数
              JB C2
              ADD AL, 07H
C2:           ADD AL, 30H
              MOV GS: [ESI], AL
              MOV AL, DS: [EDI]
              AND AL, 0FH                      ; 取低 4 位
              CMP AL, 0AH
              JB C3
              ADD AL, 07H
C3:           ADD AL, 30H
              MOV GS: [ESI+1], AL
              MOV BYTE PTR GS: [ESI+2], 20H
                                               ; 在每个字符间加入空格
```

```
              ADD ESI，3
              INC EDI
              LOOP C1
              MOV AL，'$'
              MOV GS：[ESI]，AL
              POPAD                    ；弹出所有寄存器值
              RET
SAHEX     ENDP
KENTER    PROC NEAR
              MOV AH，02H
              MOV DL，0DH
              INT 21H                  ；回车
              MOV AH，02H
              MOV DL，0AH
              INT 21H                  ；换行
              RET
KENTER    ENDP

CODE      ENDS
              END START
```

2. 实验步骤

（1）单击菜单栏"设置"→"设置工作方式"项打开对话框，选择需要使用的目标 CPU 型号，因本实验例程仅使用 32 位指令编程，所以将目标 CPU 型号设置为"80386/80486"，以使寄存器窗口采用 32 位方式显示，最后单击"确定"按钮保存设置。

（2）编写实验程序，经编译、链接无误后装载到实验系统。

（3）运行程序，观察运行结果，应显示如下信息：

www.MERKE.com.cn

This string of hexadecimal code：

77 77 77 2E 4D 45 52 4B 45 2E 63 6F 6D 2E 63 6E

第二篇

MCS-51与MSP430 系列单片机实验

第 5 章

单片机核心板及其开发环境

5.1 单片机核心板

单片机核心板由 MSP430 和 MCS−51 两个系统以及一些通用扩展接口电路（USB 虚拟串口、RS485、SD 卡、无线模块扩展、PS/2 接口）构成，如图 5.1.1 所示。单片机的 I/O 口全部引出，并专门为 MCS−51 单片机锁存引出地址总线以便于访问并行接口器件。

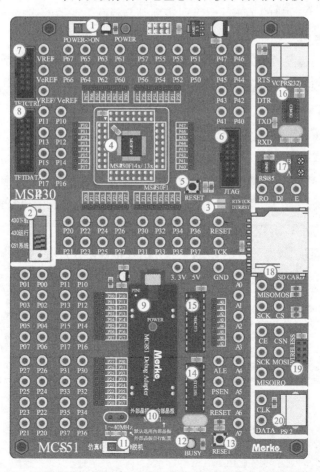

图 5.1.1　单片机核心板布局图（图中带序号的部件在后续章节介绍）

1. 核心板独立电源开关

核心板独立电源开关位于左上角，用于给核心板提供电源。拨至右侧使核心板通电；拨至左侧使核心板断电。

2. CPU 状态切换

430 下载：在使用板载下载器为 MSP430 单片机下载程序时需拨至该位置，使 MSP430 的 P1.1、P2.2 作为下载程序的专用串口，此时 P1.1、P2.2 若有实验电路连接应先拆除。

430 运行：若下载的程序需使用 P1.1 或 P2.2 端口时需拨至该位置，使 P1.1、P2.2 断开与下载器的连接，此时可重新连接 P1.1 或 P2.2 端口的电路，并按复位键开始运行程序。

C51 系统：使用 MCS-51 单片机系统时需拨至该位置。

3. MSP430 下载信号选择

若要使用板载 MSP430 下载器时，需将该 2 位拨码开关均拨至左侧（ON 状态，使 MSP430 单片机的 TCK、RST 引脚分别连接板载下载器的 RTS、DTR）。

若要使用外置的 MSP430 下载/调试器时，需将该 2 位拨码开关均拨至右侧（OFF 状态，使 MSP430 单片机的 TCK、RST 引脚断开与板载下载器的连接）。

4. MSP430 适配板

采用可插拔的适配板方式，使 MSP430 单片机的安装、拆卸或型号更换变得更加容易，也为设备的维护提供了便利。

5. MSP430 复位按钮

按动该复位按钮可使 MSP430 强制进入初始状态，MSP430 的复位为低电平。

6. MSP430 JTAG 接口

JTAG 接口是 MSP430 外置仿真器的接口，若要使用外置仿真器，需将"CPU 状态切换"开关置为"430 运行"位置，并将"下载信号选择"的 2 位拨码开关均置为右侧。

7. MSP430 单片机与 TFT-LCD 的控制信号接口

该接口用于连接 MSP430 单片机与 TFT-LCD 液晶触摸屏控制信号，用 12 芯扁平电缆相连，如图 5.1.2 所示。

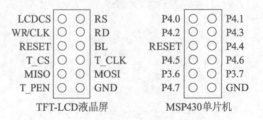

图 5.1.2 TFT-LCD 控制信号接口引

8. MSP430 单片机与 TFT-LCD 的数据总线接口

该接口用于连接 MSP430 单片机与 TFT-LCD 液晶触摸屏数据总线，用 16 芯扁平电缆相连，如图 5.1.3 所示。

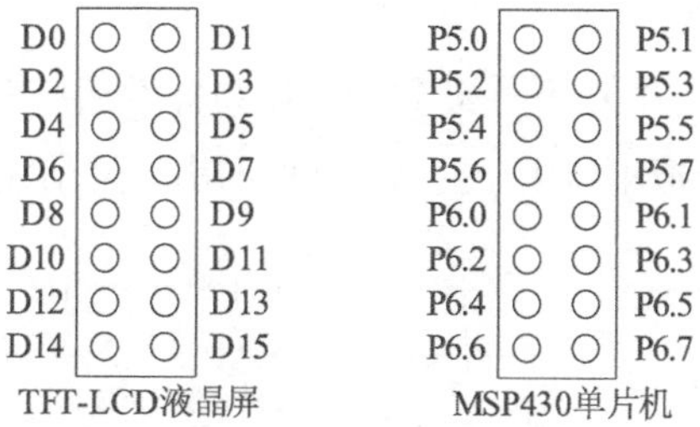

D0	○ ○	D1	P5.0	○ ○	P5.1
D2	○ ○	D3	P5.2	○ ○	P5.3
D4	○ ○	D5	P5.4	○ ○	P5.5
D6	○ ○	D7	P5.6	○ ○	P5.7
D8	○ ○	D9	P6.0	○ ○	P6.1
D10	○ ○	D11	P6.2	○ ○	P6.3
D12	○ ○	D13	P6.4	○ ○	P6.5
D14	○ ○	D15	P6.6	○ ○	P6.7
	TFT-LCD液晶屏			MSP430单片机	

图 5.1.3　TFT-LCD 数据总线接口引脚定义

9. MCS - 51 单片机仿真头

MCS - 51 单片机仿真头在板载 Keil Monitor - 51 仿真器的支撑下与 Keil C51 环境无缝结合，当使用 Keil C51 下载好程序后，该仿真头可被安装到用户自己的单片机系统上，此时仿真头相当于一个 51 芯片，可直接上电运行；也可把下载好程序的真实的 51 单片机芯片安装到仿真头的位置，代替仿真器直接运行。

10. MCS - 51 内外晶振切换

该开关位于 MCS - 51 单片机仿真头的下方（位于仿真头而非核心板），默认拨在右侧（使用 11.0592MHz 内部晶振），若要使用其他频率的外部晶振，需将开关拨在左侧，并在核心板“1～40MHz 外部晶振”位置安装用户自行选用的晶振（即仿真时的目标板晶振）。

11. MCS - 51 运行方式切换

该开关默认在拨在左侧（仿真运行）位置，运行 Keil Monitor - 51 监控程序，所有命令等待 Keil C51 联机下达，即系统处于仿真器状态；当开关拨在右侧（脱机运行）位置，不再等待 Keil C51 的联机命令，直接跳转到上一次装载的用户程序入口开始全速运行。

12. MCS - 51 仿真器状态指示

该 LED 用来显示仿真器的工作状态：

（1）在单片机上电或复位后该 LED 闪烁 2 次表示仿真器初始化成功；

（2）在与 Keil C51 进行通信操作时该 LED 闪烁，表示 PC 与仿真器正在交换数据；

（3）在全速运行程序时若定时闪烁表示程序可暂停，若在全速运行时无闪烁表示需要通过按动复位按钮来停止程序的运行。

13. MCS - 51 复位按钮

按动该复位按钮可使 MCS - 51 强制进入初始状态，MCS - 51 的复位为高电平。

14. MCS - 51 仿真器监控芯片

专门用于单片机与 PC 通信时的数据交换，使仿真器不再占用单片机资源。

15. MCS - 51 低位地址锁存

MCS - 51 单片机的 P0 口具有 I/O、数据总线/低位地址总线双重功能，在访问外设并行接口时可通过地址锁存器来输出低位地址总线 A0 ~ A7。

16. VCP（虚拟 RS232）串行接口

目前 PC（台式机或笔记本）不再将 RS232 作为标准接口引出，所以采用 VCP 芯片通过 USB 口在 PC 生成一个虚拟串口用于完成与 PC 的串行通信实验，电路如图 5.1.4 所示。

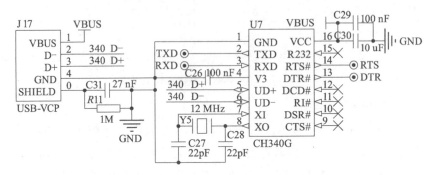

图 5.1.4　VCP 虚拟串口原理图

17. RS485 串行接口

RS485 单元由 1 片 RS485 收发芯片构成，用户可进行与 RS485 串行通信相关的实验，电路如图 5.1.5 所示。

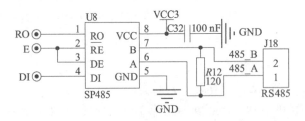

图 5.1.5　RS485 串行接口原理图

18. SD 存储卡接口单元

SD 存储卡接口单元可供用户进行实验拓展及二次开发，用单片机访问 SD 存储卡的物理扇区、文件系统等，电路如图 5.1.6 所示。

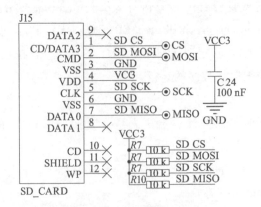

图 5.1.6　SD 存储卡接口原理图

19. 无线通信接口单元

无线通信接口单元可供用户进行实验拓展及二次开发，用来连接 NRF24L01 等 2.4G 无线模块，从而实现单片机与其他设备的无线数据传输。需要注意的是，NRF24L01 不能和蓝牙、WiFi 连接）。NRF24L01 无线模块的最大传输速度可以达到 2Mbps，传输距离可达 30m 左右（空旷地，无干扰），电路如图 5.1.7 所示。

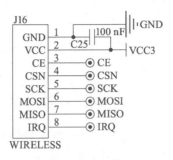

图 5.1.7　无线通信接口原理图

20. PS/2 接口单元

PS/2 接口是一种工业控制计算机、PC 兼容型计算机系统上的接口，可用来连接键盘及鼠标。PS/2 接口单元可供用户进行实验拓展及二次开发，实现用单片机来连接键盘、鼠标等标准外设，电路如图 5.1.8 所示。

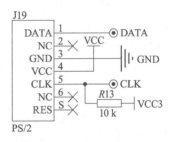

图 5.1.8　PS/2 接口原理图

5.2　单片机开发环境的建立

5.2.1　安装 MCS -51 单片机集成开发环境

Keil μVision 4 是由德国慕尼黑的 Keil Elektronik GmbH 和美国德克萨斯的 Keil Software Inc 联合发布的嵌入式集成开发环境。Keil 公司制造和销售种类广泛的开发工具，包括 ANSI C 编译器、宏汇编程序、调试器、链接器、库管理器、固件和实时操作系统核心（Real - Time Kernel）。Keil 集成开发环境自引入市场以来已成为事实上的行业标准，有超过 10 万名嵌入式开发人员在使用这种得到业界广泛认可的解决方案。

1. Keil C51 安装步骤

（1）运行 Keil C51 安装程序（c51v950a. exe），开始进入安装向导（见图 5.2.1），单击 "Next" 按钮，进入 License 界面，如图 5.2.2 所示。

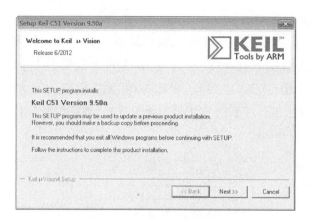

图 5.2.1　进入 Keil C51 安装向导

（2）在 License 界面选中"I agree to all the terms of the preceding License Agreement"，单击"Next"按钮，设置安装路径，如图 5.2.3 所示。

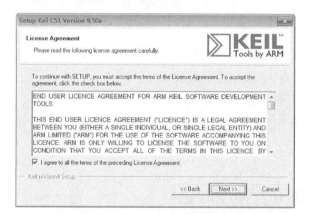

图 5.2.2　安装向导的 License 界面

（3）确定安装路径后，单击"Next"按钮，如图 5.2.4 所示。

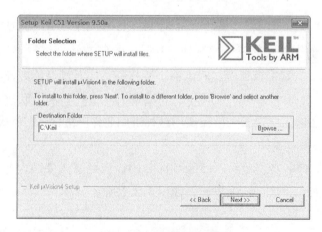

图 5.2.3　设置安装路径

（4）安装程序要求填写用户信息，如图 5.2.4 所示均为必填项。

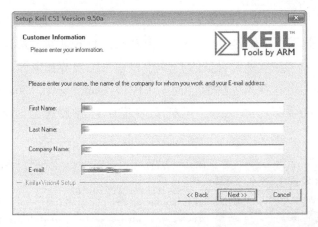

图 5.2.4　填写用户信息

（5）用户信息填写完毕后，单击"Next"按钮开始安装，如图 5.2.5 所示。

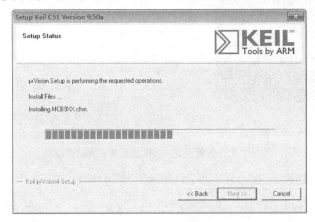

图 5.2.5　软件正在安装

（6）安装完成后显示如图 5.2.6 所示对话框，对话框内有两个复选框，分别是"Show Release Notes"和"Add example projects to the recently used project list"，这里都不选中，单击"Finish"按钮完成。

图 5.2.6　安装完成

2. 安装 USB 虚拟串口驱动程序

（1）系统采用 CP2102 作为 Monitor–51 仿真监控与 Keil 联机调试的 USB 虚拟串口芯片，初次安装驱动程序须断开设备的 USB 连接或关闭核心板电源。CP2102 的驱动程序有 32 位和 64 位之分，在 32 位系统上运行 CP210xVCPInstaller_x86. exe，在 64 位系统上运行 CP210xVCPInstaller_x64. exe，运行安装程序后进入欢迎对话框，如图 5.2.7 所示。

图 5.2.7 准备安装 USB 虚拟串口驱动程序

（2）在欢迎对话框单击"下一步"，显示"许可协议"对话框，如图 5.2.8 所示。在这里单击"我接受这个协议"单选框。

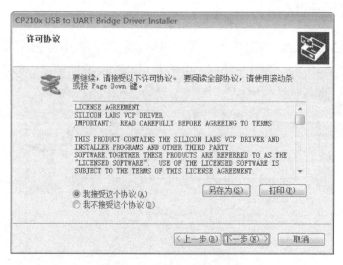

图 5.2.8 许可协议对话框

（3）在"许可协议"对话框单击"下一步"即开始安装，如图 5.2.9 所示。

图 5.2.9 正在安装 CP2102 驱动程序

（4）安装结束后显示完成信息，单击"完成"可结束安装，如图 5.2.10 所示。

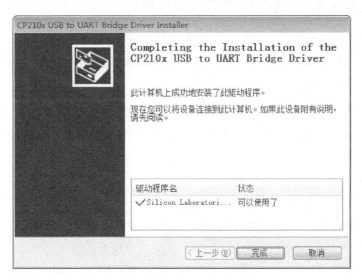

图 5.2.10 完成安装

（5）此时，用 USB 电缆连接核心板并打开其电源，Windows 系统发现新硬件并为其适配驱动程序，用户可在 Windows 设备管理器的"端口"下看到新安装的串口，如图 5.2.11 所示。本例中 CP2102 虚拟的串口是 COM3（串口号不固定，视计算机软硬件环境而定）。

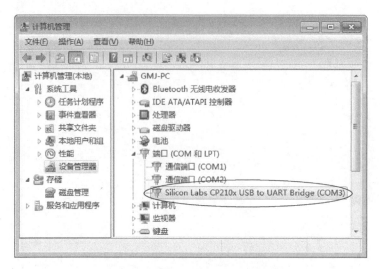

图 5.2.11　设备管理器的新端口

至此，MCS51 单片机开发环境已建立完毕。

5.2.2　安装 MSP430 单片机集成开发环境

支持 MSP430 单片机的主流集成开发环境有 TI 公司的 Code Composer Studio（以下简称 CCS）和 IAR System 公司的 IAR Embedded Workbench。两者的区别是，CCS 支持 TI 全系列芯片，而 IAR 是第三方的 IDE 开发商，可支持不同公司的芯片，版本较多（有 IAR for ARM、IAR for AVR、IAR for 8051、IAR for MSP430 等），用户在选用时需注意区分。本书的例程使用 CCS 作为开发环境，用户若需了解 IAR for MSP430 环境的使用，可自行查阅相关资料。

1. CCS 集成开发环境安装步骤

首先需要说明的是，CCS 的路径不支持中文，即：

● 安装前存放安装程序的路径不能包含中文，如包含中文请先重命名文件夹；

● 安装时 CCS 的目标路径不能包含中文，建议使用默认路径 C：\ ti；

● 安装后用户的工程文件及程序文件的名称及其路径不能包含中文。

（1）运行 CCS 安装程序（ccs_setup_5.5.0.00077.exe）首先显示许可协议页面（见图 5.2.12），选中"I accept the terms of the license agreement"后单击"Next"按钮。

图 5.2.12　CCS 安装程序的许可协议页面

（2）在选择安装路径页面可设置 CCS 的工作路径，建议使用默认的 C：\ ti（若要修改路径，请注意路径不能包含中文），单击"Next"按钮，如图 5.2.13 所示。

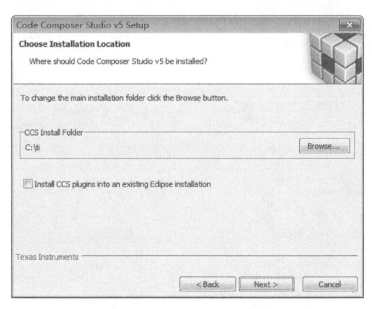

图 5.2.13　选择 CCS 的安装路径

（3）在安装类型页面选择"Custom"自定义安装，单击"Next"按钮，如图 5.2.14 所示。

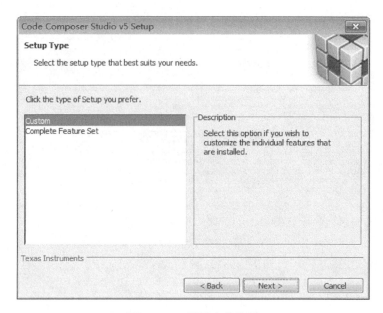

图 5.2.14　设置安装类型

（4）在处理器支持页面可勾选用户需要使用的器件，单击"Next"按钮，如图
5.2.15 所示。

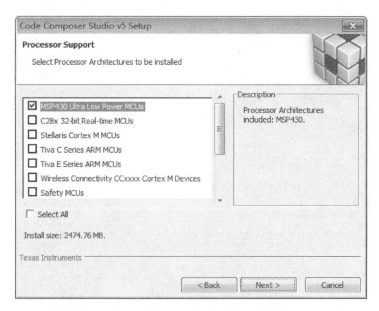

图 5.2.15　选择在 CCS 需要使用的器件系列

（5）在选择组件页面可选择相关的编译工具，通常该页面无须特别设置，可直接单
击"Next"按钮，如图 5.2.16 所示。

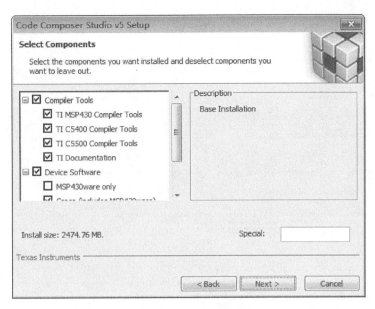

图 5.2.16　选择安装的组件

（6）在选择仿真器页面可选择相关的仿真器驱动程序，可根据所选的器件来选择使用的仿真器，单击"Next"按钮，如图 5.2.17 所示。

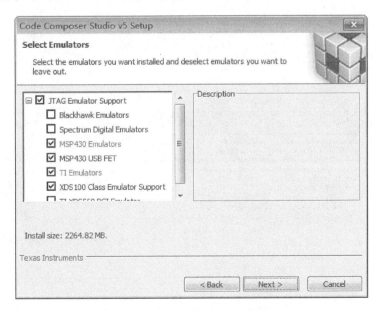

图 5.2.17　选择安装的仿真器驱动

（7）在 CCS 安装选项页面列出了所有的安装设置，用户确认无误后，单击"Next"按钮，如图 5.2.18 所示。

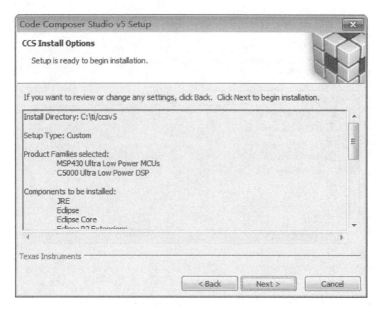

图 5. 2. 18　CCS 安装选项

（8）开始安装 CCS（图 5. 2. 19），安装需要一定的时间，请耐心等待。若在安装过程中 Windows 提示是否安装设备驱动，请勾选"始终信任"再单击"安装"。

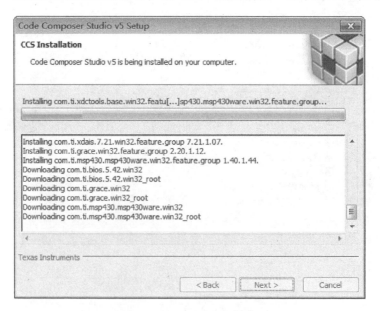

图 5. 2. 19　CCS 正在安装

（9）安装完成后会提示需要重新启动 Windows，这是 CCS 安装程序的一个提示，并不会自动重启 Windows，单击"OK"完成（见图 5. 2. 20）。

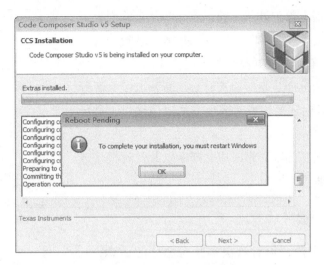

图 5.2.20　CCS 安装完成

（10）在安装完成后，用户可选择是否在桌面和开始菜单创建快捷方式，建议全部勾选，单击"Finish"完成，如图 5.2.21 所示。

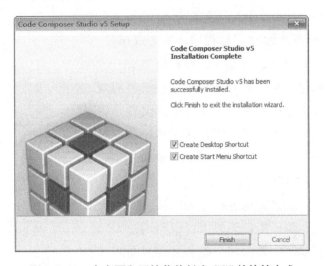

图 5.2.21　在桌面和开始菜单创建 CCS 的快捷方式

CCS 已安装完成，若有 License 文件请拷贝到 C：\ ti \ ccsv5 \ ccs_base \ DebugServer \ license 路径，然后重启计算机。

5.3　实验设备操作流程

5.3.1　实验设备通电

（1）初次使用实验设备的学生，必须在老师的指导下进行操作，待熟练掌握后方可独立操作。通电步骤如图 5.3.1 所示。

（2）在闭合漏电保护开关之前，应先断开实验面板下方的工位电源开关（拨至 OFF 位置），并确保已断开各核心板/接口板左上角的独立电源开关。

（3）在安装和拆卸实验接口板时必须断开工位电源开关，在拆装核心板时还要注意对齐上方的通信接口，避免错位。

（4）当实验设备出现异常时应立即断电并及时报告老师，不可擅自处理。

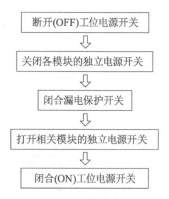

图 5.3.1 设备通电步

5.3.2 实验总体流程

（1）在实验之前，须对该次实验有总体的认识，如实验目的、实验内容、实验设备等。实验流程如图 5.3.2 所示。

（2）应充分了解实验电路的原理和正确连接方法，杜绝引发信号冲突、总线竞争的误连接。

（3）根据实验要求编写实验程序，并完成编译、链接、装载操作。若出现编译错误，可根据集成开发环境给出的错误信息来修正程序的语法错误；若出现链接错误，可检查工程中相关的头文件或库文件是否正确添加、工程配置是否正确；若出现装载错误，可检查实验设备与 PC 是否正确连接、通信驱动程序是否安装、核心板是否正常初始化。

（4）运行程序，观察实验结果是否正确。

需要说明的是，编译链接无错误仅说明用户编写的源程序没有语法错误，程序能正确装载也只是表示实验设备与 PC 能正常通信，但程序的运行结果是否正

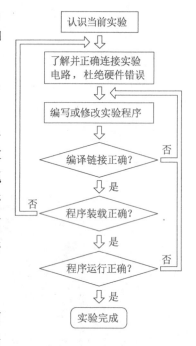

图 5.3.2 实验流程

确，则需要依靠集成开发环境的调试手段来检查。除了代码量较少或功能单一的程序之外，几乎所有的大型软件都会存在"bug"，这是计算机科学中无法证明却又不可辩驳的事实。通过单步、断点等调试（DEBUG）手段，观察程序的总流程和相关过程是否正确。

第 6 章

MCS51 系列单片机实验

实验 6.1　系统认识实验

【实验目的】

（1）学习 Keil 软件的基本操作，熟悉用 C 语言编写单片机程序的步骤。

（2）学习单片机 I/O 口的操作、延时函数的编写以及程序的调试方法。

【实验设备】

（1）PC 计算机　　　　　　1 台

（2）51/430 单片机核心板　　1 块

（3）PEIO 接口板　　　　　 1 块

【实验内容与步骤】

将 1 位 I/O 口连接到 1 个发光二极管上，循环取反该 I/O 口的电平状态，实现发光二极管的循环闪烁。

编写程序，控制 1 个发光二极管循环点亮与熄灭。

1. 新建工程

要为单片机系统开发一个新程序，必须先新建一个工程。

运行 Keil 集成开发环境，单击主菜单"Project"→"New μVision Project..."建立新工程，如图 6.1.1 所示。

在弹出的对话框中选择工程存放路径（本例中为C：\ C51_Examples），再单击对话框上方的"新建文件夹"按钮（因 Windows 版本而异，如 XP 系统为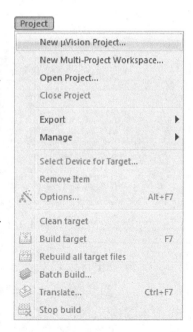

图 6.1.1　Keil 的 Project 菜单

按钮）新建一个文件夹并重命名为 Ex01_LED，用于存放工程文件，如图 6.1.2 所示。

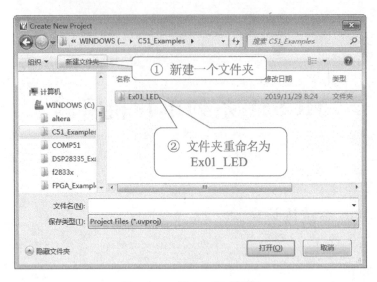

图 6.1.2　新建工程对话框

进入刚创建的 Ex01_LED 文件夹，在"文件名"输入框中输入工程文件名"LED"（可缺省后缀），单击"保存"按钮。新工程文件 C:\ C51_Examples \ Ex01_LED \ LED. uvproj 创建完成，如图 6.1.3 所示。

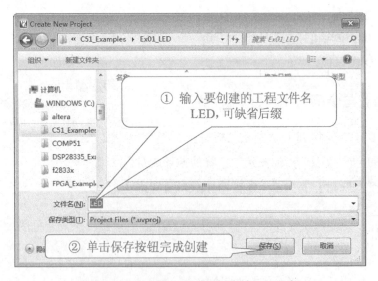

图 6.1.3　在新建工程对话框中输入工程名

Keil C51 弹出目标 CPU 设置对话框（见图 6.1.4），可以选择需要仿真的单片机品牌和型号，在这里要仿真调试 AT89C52 单片机，选择"ATMEL"下的"AT89C52"，并单击"OK"按钮。

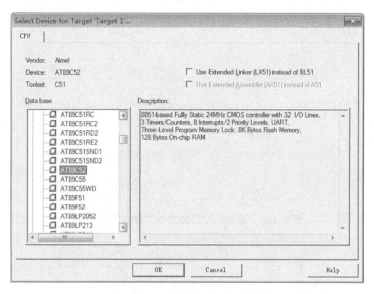

图 6.1.4　目标 CPU 设置对话框

接下来，Keil C51 询问是否添加启动代码（见图 6.1.5），如果选择"是"，Keil 会从库文件中拷贝 STARTUP. A51 到当前的工程路径并添加到工程；而如果选择了"否"，Keil 在编译用户程序时也会使用库里的默认启动代码。通常情况下，在编写 C51 程序时不会修改这个启动代码，因此本例中选择"否"，即 STARTUP. A51 不被添加到工程。

图 6.1.5　添加启动代码对话框

现在，工程创建完毕。在界面左侧（Keil 默认位置）的 Project 窗口中包含了一个缺省的目标"Target 1"和源程序组"Source Group 1"，如图 6.1.6 所示。

单击主菜单"File"→"New…"（或单击工具栏 按钮）出现一个空白窗口，用来输入源程序，如图 6.1.6 所示。

程序代码输入完成后，单击主菜单"File"→"Save As…"另存源程序，可以选择保存的路径，这里建议把源程序文件保存到工程所在的文件夹（本例中工程的路径是 C：\ C51_Examples \ Ex01_LED），输入文件名 main. c，再单击"保存"，如图 6.1.7 所示。

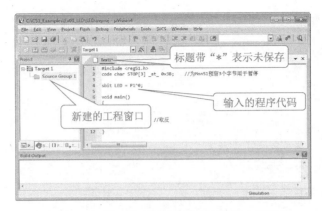

图 6.1.6　在工程中新建文件并输入程序代码

图 6.1.7　保存新建源程序

2. 管理工程

单击主菜单 "Project" → "Manage" → "Components，Environment and Books…"（或单击工具栏 按钮）弹出对话框，如图 6.1.8 所示。

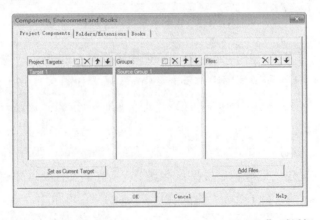

图 6.1.8　"Components，Environment and Books" 对话框

双击 "Project Targets" 中的 "Target 1"，修改名字为 LED。

双击"Groups"中的"Source Group 1",修改名字为 Source。

单击"Source"选中,然后在"Files"中单击"Add Files"按钮,在弹出的对话框中选择刚才保存的源程序文件 main. c(文件路径在 C:\ C51_Examples \ Ex01_LED),再单击对话框右下角的"Add"按钮添加,最后单击"Close"按钮关闭。

现在可以看到 main. c 已经被添加到工程了(见图 6.1.9),单击"OK"按钮。

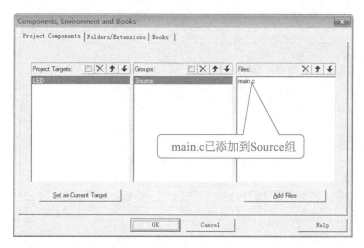

图 6.1.9　在"Components, Environment and Books"对话框中添加文件

工程窗口显示添加的文件,如图 6.1.10 所示。

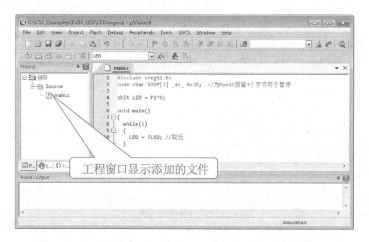

图 6.1.10　Keil C51 左侧的 Project 窗口显示添加的文件

3. 配置工程

单击主菜单"Project"→"Options for Target 'LED'"...(或单击工具栏 按钮),弹出"Options for Target"对话框。

设置 CPU 晶振:在对话框的"Target"选项卡,将晶振设为 11.0592MHz(见图 6.1.11),这个参数用于软件模拟调试,如果使用硬件仿真器可不设置。

图 6.1.11 设置 CPU 晶振

设置输出文件：在"Output"选项卡中选中"Create HEX File"（见图 6.1.12），以便在编译后生成可单独下载的 . HEX 文件。

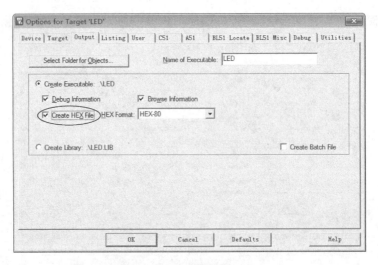

图 6.1.12 设置输出文件

设置 Debug 参数：在"Debug"选项卡中左侧为软件模拟调试选项，右侧为硬件联机调试选项。这里单击右侧的"Use"并将仿真器设置为 Keil Monitor － 51 Driver，勾选"Run to main（ ）"以便从"main（ ）"函数开始调试，最后单击"Settings"进行仿真器设置（见图 6.1.13）。

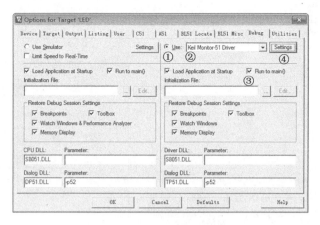

图 6.1.13　设置 Debug 参数

在仿真器设置对话框（见图 6.1.14），需要设置串口号（串口号由 CP2102 虚拟串口驱动程序生成，请参考第 5 章内容，本例使用 COM3）、波特率（设置为 Keil 最高的115200），并勾选 "Serial Interrupt" 启用暂停功能，如表 6.1.1 所示。

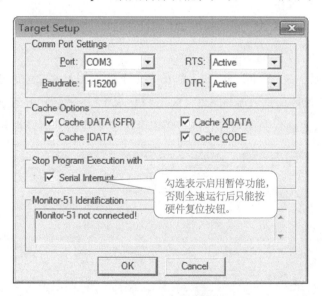

图 6.1.14　仿真器设置对话框

表 6.1.1　启用暂停功能

说明	启用暂停功能	不用暂停功能
选项设置	Stop Program Execution with ☑ Serial Interrupt	Stop Program Execution with ☐ Serial Interrupt
暂停方法	全速运行后核心板的 BUSY 指示灯闪烁，可随时单击工具栏的 ⊗ 停止运行。	全速运行后只能按硬件复位按钮停止运行，等待工具栏 ⊗ 呈灰色时再单击 ⌨ 重新通信。

续表

说明	启用暂停功能	不用暂停功能
通信错误	无	未按上述的暂停方法导致通信错误： Can't stop application because serial interrupt is disabled! Continue　Return to running application. Stop Debugging　Stops debugging session Notes: When you enable the serial interrupt in the monitor driver settings dialog you can stop your application by using the STOP button. The serial interface must not be used by your application in this case.
编程约定	需在用户程序空间 0x003B ~ 0x003D 地址为仿真器预留 3 个字节。 C 语言： 　code char STOP［3］_at_0x3B; 汇编语言： 　ORG 0000H 　AJMP MAIN 　ORG 0040H ；不小于此地址 MAIN：； －－主程序开始	无

4. 编译工程

单击"Project"→"Build target"菜单项（或单击工具栏 ▦ 按钮），将在"Build Output"窗口显示编译信息（见图 6.1.15），当显示 0 Error（s），0 Warning（s）时（出现的警告有时可以忽略）表示程序已通过编译并生成了代码，可以进入调试或固化。

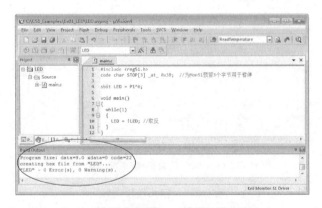

图 6.1.15　编译后 Build Output 窗口输出的信息

5. 设备通电

在实验装置断电状态下，将 51/430 单片机核心板、PEIO 接口板正确安装在底板上，并将 51/430 单片机核心板左侧的 3 档拨动开关拨至"C51 系统"位置、PEIO 接口板右上角的高电平切换开关拨至左侧（5V 位置）。

确保 51/430 单片机核心板、PEIO 接口板左上角的电源开关拨至右侧（ON 位置），打开实验装置工位下方的总开关（向上拨至 ON 位置），此时 51/430 单片机核心板、

PEIO 接口板左上角的红色电源指示灯应点亮，表示设备已正常通电。

6. 电路连接

用一单根导线将核心板上 MCS－51 单片机的 P1.0 连接到 PEIO 接口板上的发光二极管 L0。如图 6.1.16 所示，图中虚线为需要连接的线，发光二极管的正极通过限流电阻接至 VCC，负极连接 P1.0，因单片机引脚输出电流较小，所以用灌电流方式驱动发光二极管，即 P1.0 输出低电平时发光二极管点亮，输出高电平时发光二极管不发光。

图 6.1.16 实验电路

7. 装载程序并进入调试状态

单击工具栏 🔍 按钮（或单击主菜单 "Debug" → "Start/Stop Debug Session"，从现在起建议用户优先使用工具栏命令）将刚才编译过的程序装载到单片机，并进入调试状态，如图 6.1.17 所示。

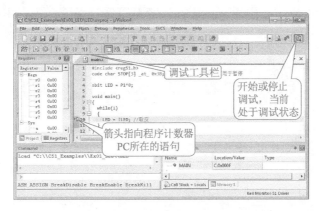

图 6.1.17 进入调试状态的 Keil C51 界面

8. 调试程序

若要观察程序运行的流程是否正确，需要使用单步、断点等调试手段。单步是逐语句运行的方式，有步入（遇调用函数或 CALL 指令时进入过程）、步越（遇调用函数或 CALL 指令时不进过程而直接运行到下一行）之分。

调试命令可在主菜单 Debug 下找到，但在实际应用中通常使用快捷工具栏命令以提高效率。以下是工具栏上几种常用的调试命令：

CPU 复位，使 CPU 回到初始状态以便再次运行程序。

全速运行，即开始运行用户程序，遇断点停止。

停止运行，停止正在运行的程序。

单步进入，逐语句运行程序，遇过程时进入。

单步跨越，逐语句运行程序，不进入过程，运行到过程后下一条语句。

单步跨出，当运行在某过程中时，可步出过程，运行到过程后下一条语句。

运行到光标行，该命令属于断点的一种。

在光标行添加或删除断点，也可单击行号左边的深色区域来实现。

现在，使用单步方式运行本例的程序。因单片机复位后所有的 I/O 都置为高电平，此时 P1.0 = 1，发光二极管熄灭。单击工具栏 单步运行，运行一条当前 PC（Program Count，程序计数器）所在行的语句，而 所指的是一条取反语句，使 P1.0 = 0，此时发光二极管点亮。

试着继续单步运行，程序在 while（1）中循环，能看到发光二极管不断地点亮和熄灭。而当尝试用 全速运行时，并没有看到发光二极管的闪烁，这是因为单片机运行速度快导致发光二极管的闪烁时间短于人眼的视觉残留时间，在取反语句之后并没有作延时处理，所以似乎只看到了发光二极管常亮。

现在开始为程序增加延时功能。先单击 停止运行程序，再单击工具栏 退出调试状态，最后单击工具栏 按钮新建一个空白文件以便添加延时函数代码。

在新文件窗口输入延时函数的声明和函数体，以 delay.c 文件名另存并添加到工程（见图 6.1.18）；在 main.c 中用 extern 关键字引用延时函数，并在主循环中调用延时函数。

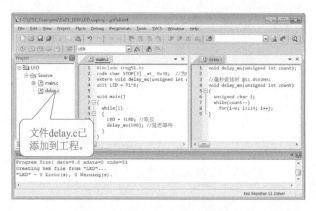

图 6.1.18　在 Keil C51 中修改程序并添加新的源程序文件到工程

一个工程中可以有一个或多个源程序文件，虽然可以将所有的函数写到一个源程序文件中，但并不建议这样做，除非程序特别短或者功能单一；在大型项目的开发过程中，通常将一系列功能相关或相似的函数放在一个文件中。

关于新建文件、保存文件、添加文件到工程的详细方法，请参考实验步骤 1 和 2 中相关内容。

单击 对工程重新编译，如果没有语法错误再单击 进入调试状态，使用 开始全速运行，观察发光二极管，应在循环闪烁了。

当要停止运行时单击 即可；退出调试时单击 即可。

以上的程序运行均通过 Keil C51 环境来进行，若要使程序脱离 Keil C51 环境（脱机运行），首先将核心板下方的运行模式开关拨至"脱机"，然后按下核心板 MCS‒51 单片机的 RESET 按钮，在 BUSY 状态灯闪烁两次后开始全速运行刚刚下载的程序。

若要再次使用 Keil C51 环境仿真运行，将运行模式开关拨回至"仿真"后再按下 MCS‒51 单片机的 RESET 按钮，在 BUSY 状态灯闪烁两次进入监控状态，等待 Keil 软件的联机命令。

本例围绕 Keil C51 环境的操作，讲述了单片机的实验与开发步骤，后续的实验中将注重硬件的构建和编程思路，不再讲述 Keil 软件的操作。关于 Keil 的更多使用方法，请参考 Keil 软件的帮助文档（见图 6.1.19）。

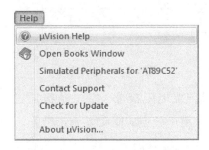

图 6.1.19　Keil 的 Help 菜单

【实验拓展】

编写程序并重新连接电路，用 2 个 I/O 口控制 2 个发光二极管循环交替闪烁。

实验 6.2　流水灯实验

【实验目的】

（1）学习 I/O 接口输出的方法。

（2）掌握延时函数的编写。

【实验设备】

（1）PC 计算机　　　　　　　1 台

（2）51/430 单片机核心板　　　1 块

（3）PEIO 接口板　　　　　　 1 块

【实验内容与步骤】

1. 实验内容

编写程序，实现 8 位发光二极管循环左右移位。实验电路如图 6.2.1 所示。

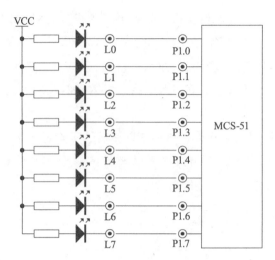

图 6.2.1　实验电路

发光二极管的正极通过限流电阻接至 VCC，负极通过导线连接 P1 口，因单片机 I/O 口输出电流较小，所以用灌电流方式驱动发光二极管，即 I/O 输出低电平时发光二极管点亮，输出高电平时发光二极管熄灭。将 P1 口 8 位 I/O 连接到 8 个发光二极管，每次使 1 位 I/O 清零（使 LED 点亮），其余 7 位 I/O 置 1（使 LED 熄灭），按由低到高、由高到低的顺序循环清零其中的 1 位 I/O 口，实现流水灯效果。

2．实验步骤

（1）在实验装置断电状态下，将 51/430 单片机核心板、PEIO 接口板正确安装在底板上，并将 51/430 单片机核心板左侧的 3 档拨动开关拨至"C51 系统"位置、PEIO 接口板右上角的高电平切换开关拨至左侧（5V 位置）。

（2）确保 51/430 单片机核心板、PEIO 接口板左上角的电源开关拨至右侧（ON 位置），打开实验装置工位下方的总开关（向上拨至 ON 位置），此时 51/430 单片机核心板、PEIO 接口板左上角的红色电源指示灯应点亮，表示设备已正常通电。

（3）用一根 8 芯排线（或 8 根单根导线）将核心板上 MCS - 51 单片机的 P1.0 ~ P1.7 对应连接到 PEIO 接口板上的发光二极管 L0 ~ L7，电路如图 6.2.1 所示，图中虚线为需要连接的线。

（4）运行 Keil C51 环境，编写程序，编译成功后进入调试模式。

3．实验现象

全速运行程序，8 个发光二极管应循环左右移位点亮。

【实验拓展】

在本例程的基础上增加 P3 口的使用，P3.0 ~ P3.7 控制发光二极管 L8 ~ L15，使发光二极管 L0 ~ L15 实现 16 位流水灯效果。

实验 6.3　独立按键与静态数码管应用实验

【实验目的】

学习 I/O 口输入输出的方法。

【实验设备】

（1）PC 计算机	1 台
（2）51/430 单片机核心板	1 块
（3）PEIO 接口板	1 块
（4）PEDISP1 接口板	1 块

【实验内容与步骤】

1．实验内容

编写程序，实现用 8 个独立按键控制静态数码管显示键值，构成一个最简单的键盘与显示电路。实验电路如图 6.3.1 所示。

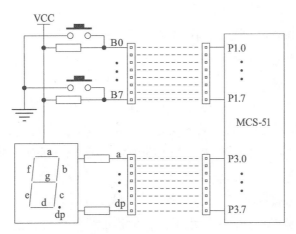

图 6.3.1　实验电路

发光二极管常常用于各种电子设备充当指示灯的作用，除发光二极管外，常见的用于显示的器件还有数码管，比如自动化仪器仪表的数据显示、电子时钟的时间显示用的就是数码管。其实数码管的本质就是发光二极管的组合，最常见的就是七段数码管和八段数码管了。七段数码管就是由 7 个长条形的发光二极管组成，八段数码管就比七段数码管多了一个小数点。

数码管的发光原理和普通发光二极管是一样的，所以可将数码管的亮段当成几个发光二极管。根据内部发光二极管的共连接端不同，可以分为共阳极接法和共阴极接法，共阳极接法就是内部发光二极管的正极共同接电源 VCC，通过控制每个发光二极管的负极是否为低电平来点亮相应段；共阴极接法就是每个发光二极管的负极共同接地 GND，通过控制每个发光二极管的正极是否为高电平来点亮相应段。

数码管各段定义及其内部结构，如图 6.3.2 所示，本实验使用八段共阳数码管。

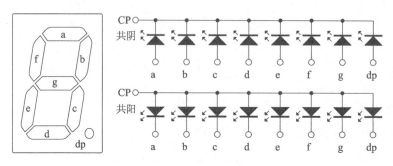

图 6.3.2　数码管段定义及其内部结构

单片机上电或硬件复位后所有的 I/O 都被初始化为高电平，本实验将 P1 口连接 8 个独立按键作为输入（按下按键时单片机读到低电平，释放按键时单片机读到高电平），P3 口作为输出来控制静态数码管（单片机输出低电平时点亮数码管相应段，单片机输出高电平时熄灭数码管相应段），循环读出 P1 口数据，判断哪个按键被按下，再把按键号写入 P3 口控制静态数码管的显示。

2．实验步骤

（1）在实验装置断电状态下，将 51/430 单片机核心板、PEIO 接口板、PEDISP1 接口板正确安装在底板上，并将 51/430 单片机核心板左侧的 3 档拨动开关拨至"C51 系统"位置、PEIO 接口板右上角的高电平切换开关拨至左侧（5V 位置）。

（2）确保 51/430 单片机核心板、PEIO 接口板、PEDISP1 接口板左上角的电源开关拨至右侧（ON 位置），打开实验装置工位下方的总开关（向上拨至 ON 位置），此时 51/430 单片机核心板、PEIO 接口板、PEDISP1 接口板左上角的红色电源指示灯应点亮，表示设备已正常通电。

（3）用一个 8 芯排线将核心板上 MCS－51 单片机的 P1.0～P1.7 对应连接到 PEIO 接口板上的独立按键 B0～B7，再用另一个 8 芯排线将核心板上 MCS－51 单片机的 P3.0～P3.7 对应连接到 PEDISP1 接口板上的静态数码管 A、B、C、D、E、F、G、DP，电路如图 6.3.1 所示，图中虚线为需要连接的线。

（4）运行 Keil C51 环境，编写程序，编译成功后进入调试模式。

3．实验现象

全速运行程序，按动 B0～B7，观察静态数码管，应能显示键值。

【实验拓展】

修改程序，在用独立按键 B0～B7 使静态数码管显示键值的同时控制发光二极管

L0 ~ L7 显示键值的二进制格式。

实验 6.4　定时/计数器实验

【实验目的】

（1）学习定时/计数器的工作方式；
（2）掌握程序设计方法。

【实验设备】

（1）PC 计算机	1 台
（2）51/430 单片机核心板	1 块
（3）PEIO 接口板	1 块
（4）PE86B 接口板	1 块

【实验内容与步骤】

1. 实验内容

（1）定时器实验：使用 T0 进行定时，编写程序，使 P1.0 控制的发光二极管 L0 每隔 2 秒交替点亮或熄灭。

（2）计数器实验：T0 工作在方式 2，即 8 位自动重装载，当溢出时自动将 TH0 装入 TL0。编写程序，每按动 5 次单脉冲按钮，使发光二极管 L0 交替点亮或熄灭 1 次。

实验电路如图 6.4.1 所示。

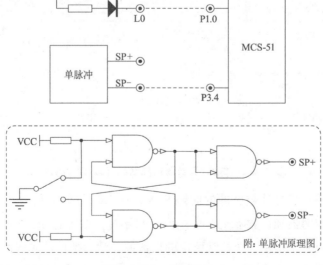

图 6.4.1　实验电路

2. 实验原理

1）初识 MCS – 51 单片机的定时/计数器

（1）计数

什么是计数？生活中计数的例子随处可见，如统计选票的画"正"方法、家里的水表和电表、汽车上的里程表…这些都是计数。再举一个工业生产中的例子，线缆厂家在电线生产出来后要测量长度，用尺量肯定不现实，一是电线太长，容易出错，二是边做边量会耽误生产。怎么办？于是就有了这么一个巧妙的方法，用一个周长是 1 米的轮子，将电线绕在上面一周，由电线带动轮子转，轮子转一周即表示经过的线长为 1 米，所以只要记下轮子转了多少圈，就可以知道经过的电线有多少米。

（2）计数器的容量

再用一个生活中的例子来看：一个水杯放在水龙头下，水龙头没拧紧，水不断地滴入杯中，水杯的容量是有限的，在一段时间之后，水杯就会逐渐变满，这就可以理解为计数是有容量的。那么单片机中的计数器有多大的容量呢？MCS – 51 单片机中有两个计数器，分别是 T0 和 T1，每个计数器分别由两个 8 位的 RAM 单元组成，即每个计数器都是 16 位的计数器，因此它们最大的计数容量是 2^{16} = 65536。这里需要注意的是，它们的计数范围并不是 1 ~ 65536，而是 0 ~ 65535。在计算机中，往往将 0 作为起始点。

（3）定时

MCS – 51 单片机的计数器不但可以用来计数，还可以用作时钟，时钟的用途在生活中也很常见：下课时的打铃器、电视机定时关机、电饭煲预约煮饭、空调定时开关等。那么计数器是如何作为定时器来用的呢？如果将闹钟设定为 1 小时后提醒，就相当于秒针走了 3600 次，这里的时间就转化成为秒针走的次数。可见，计数的次数和时间有着密切的关系，即秒针每一次的走动需耗时 1 秒。单片机的定时/计数器如图 6.4.2 所示。

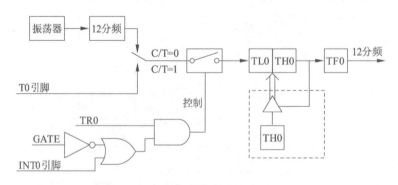

图 6.4.2　定时/计数器内部结构（以 T0 为例）

图 6.4.2 表明：只要计数脉冲的间隔相等，那么计数值就代表了时间的流逝。其实，单片机中的定时器和计数器是一个东西，只不过计数器记录的是外界发生的事情；而定时器则是由单片机提供一个非常稳定的计数源，然后把计数源的计数次数转化为定时器的时间。图中 C/T 开关就是起这个作用的，而提供给定时器的计数源则是由单片

机的晶振经过 12 分频后获得的一个脉冲源。

（4）溢出

继续看水滴的例子，当水滴不断落入杯中，直到让水杯装满。这时，如果再有一滴水落下，就会发生什么？没错！就是溢出！用专业术语来讲也叫"溢出"。

水溢出后流到地上，而计数器溢出后会使 TF0（溢出标志）变为"1"，一旦 TF0 由"0"变成"1"，就是产生了变化，而产生了变化就会引发事件。就像下课时间一到，铃声就会响起一样。至于会引发什么事件，我们将在后面介绍。现在我们来研究另一个问题：要有多少个计数脉冲才会使 TF0 由 0 变为 1。

（5）任意定时及计数的方法

前面提到，MCS-51 单片机的计数器容量是 16 位的，计数值范围是 0~65535，因此计数计到第 65536 个脉冲就会产生溢出。这个不是问题，问题是现实生活中经常会有少于 65536 个计数值的要求，就像糖果厂的包装线上，一箱内有 10 罐，每罐有 200 粒，…，那么，要如何满足这个要求呢？

假如 1 个空杯要滴入 10000 滴水才会装满，那在开始滴水之前就先倒入半杯水，还需要 10000 滴吗？假如要计数 5000 次，那就先预置 60536，再来 5000 个脉冲，不就到 65536 了吗？定时器也是如此，假如每个脉冲是 1 微秒，则计满 65536 个脉冲需时 65.536 毫秒，但现在只要定时 10 毫秒，怎么办？10 毫秒等于 10000 微秒，所以只要在计数器里预置 55536 就可以了，这就是预置数计数法。

2）定时/计数器的方式控制字

通过前面的学习，已经知道单片机中的定时/计数器可以有两种用途，那么怎样才能让它们工作于所需要的用途呢？这就要通过定时/计数器的方式控制字（实际上就是与定时/计数器有关的特殊功能寄存器）来设置。

在 MCS-51 单片机中，有两个特殊功能寄存器与定时/计数有关，它们是 TMOD 和 TCON，地址分别为 89H 和 88H。虽然在编程时可以直接用地址来操作它们，但并不建议这么做。为了提高程序的可读性，请直接使用 TMOD、TCON 名称来操作，不必担心找不到地址——我们的编译器早已处理好了这一切。

（1）特殊功能寄存器 TMOD（89H）

用于 T1				用于 T0			
7	6	5	4	3	2	1	0
GATE	C/T	M1	M0	GATE	C/T	M1	M0

可以看出，TMOD 由 2 部分组成，高 4 位用于控制 T1，低 4 位用于控制 T0。

① M1、M0：定时/计数器一共有 4 种工作方式，由 TMOD 的 M1、M0 来控制。

② C/T：当 C/T=0 时用作定时器；当 C/T=1 时用作计数器。

③ GATE：如果选择了定时/计数器工作方式后，定时/计数脉冲却不一定能到达计数器端，中间还有一个开关，很显然如果这个开关不合上，计数脉冲就没法通过，那么开关什么时候合上呢？如图 6.4.2 所示，当 GATE = 0 时，GATE 在取反为 1 后进入或门，或门始终输出 1，和或门的另一个输入端 INT0 无关，在这种情况下，开关的打开、合上只取决于 TR0，只要 TR0 = 1，开关就合上，计数脉冲得以畅通无阻，而如果 TR0 = 0 则开关断开，计数脉冲无法通过，因此定时/计数 T0 是否工作只取决于 TR0；而当 GATE = 1，计数脉冲通路上的开关不仅要由 TR0 来控制，而且还要受到 INT0 引脚的控制，只有 TR0 = 1 且 INT0 引脚也是高电平时，开关才能合上，计数脉冲才得以通过。

（2）特殊功能寄存器 TCON（88H）

用于定时/计数器				用于中断			
7	6	5	4	3	2	1	0
TF1	TR1	TF0	TR0	IE1	IT1	IE0	IT0

TCON 也由 2 部分组成，高 4 位用于定时/计数器，低 4 位则用于中断。前面提到了 TF0，当计数溢出后 TF0 将由 0 变为 1。那么 TR0、TR1 又是什么呢？如图 6.4.2 所示，要使用计数器 T0（或 T1），就要让 TR0（或 TR1）为 1，开关才能合上，脉冲才能过来，因此我们称 TR0/TR1 为运行控制位，当要使用 T0（或 T1）时必须使 TR0（或 TR1）为 1 以启动定时/计数器，不用时可使 TR0（或 TR1）为 0 以关闭定时/计数器。

3．定时/计数器的 4 种工作方式

（1）工作方式 0

它为 13 位方式（M1 M0 = 00，计数量 2^{13} = 8192，范围 0 ~ 8191），是 13 位定时/计数方式，由 TL0/TL1 的低 5 位和 TH0/TH1 的 8 位构成，此时 TL0/TL1 的高 3 位未用。工作方式 0 的 13 位方式只是为了和 MCS – 51 的上一代产品 MCS – 48 兼容而设置。

（2）工作方式 1

它为 16 位方式（M1 M0 = 01，计数量 2^{16} = 65536，范围 0 ~ 65535），是 16 位的定时/计数方式，其余特性与工作方式 0 相同。

（3）工作方式 2

它为 8 位自动重装方式（M1 M0 = 10，计数量 2^8 = 256，范围 0 ~ 255）。

在介绍这种方式之前先思考一个问题：前面提到过任意计数及任意定时的问题，比如要计 5000 个数，只要对计数器预置 60536，但是计满了之后又该怎么办呢？要知道，计数总是不断重复的，流水线上计满后马上又要开始下一次计数，下一次的计数还是 5000 吗？当计满并溢出后，计数器里面的值变成了 0，因此下一次将要计满 65536 后才会溢出，这可不符合要求，怎么办？当然办法很简单，就是在编写程序时当溢出后将预置数 60536 重新送入计数器中。所以采用工作方式 0 或 1 都要在溢出后做一个重置预置数的工作，做这个工作就要耗费时间，一般来说这点时间不算什么，但是在高时效性或者资源紧张到需要榨干 CPU 每一滴运算能力的特殊应用场合，还是要斤斤计较的，于是就有了工作方式 2——自动再装入预置数的工作方式。

既然要自动重新装入预置数，那么就要有一个存放预置数的地方。在工作方式 2，预置数存放在 T0（或 T1）的高 8 位，这就意味着高 8 位不能再参与计数，计数的范围就小了很多，获取任何的便利总要付出代价的，就看值不值。如果根本不需要计那么多数，那么完全可以用这种方式。每当计数溢出，就会打开 T0（或 T1）的高 8 位与低 8 位之间的通道，让预置数进入低 8 位。这项任务是由硬件自动完成的，不需要人工干预。

通常这种方式用于波特率发生器（将在串行通信实验中介绍），用于这种用途时，定时器就是为了提供一个时间基准。计数溢出后不需要做任何事情，就连仅有的一件事情也是硬件自动完成的——重新装入预置数再开始计数，而且整个过程中没有任何延迟，可见这个任务用工作方式 2 来完成是最妙不过了。

（3）工作方式 3

它为双 8 位方式（M1 M0 = 11，计数量 $2^8 = 256$，范围 0～255）。在这种方式下，定时/计数器 T0 被拆成 2 个独立的定时/计数器来用。其中 TL0 可以作为 8 位的定时器或计数器，而 TH0 则只能作为定时器来用。而定时/计数器使用时需要有控制，计满后溢出需要有溢出标志，T0 被分成两个来用，那就要两套控制及溢出标志，从何而来呢？TL0 还是用原来的 T0 的标记，而 TH0 则借用 T1 的标记。如此一来，T1 就无标志、控制可用了。通常只有在 T1 工作于方式 2（用作波特率发生器）时，才能让 T0 工作于方式 3。

3. 实验步骤

（1）实验装置断电状态下，将 51/430 单片机核心板、PEIO 接口板、PE86B 接口板正确安装在底板上，并将 51/430 单片机核心板左侧的 3 档拨动开关拨至 "C51 系统"位置、PEIO 接口板右上角的高电平切换开关拨至左侧（5V 位置）。

（2）确保 51/430 单片机核心板、PEIO 接口板、PE86 接口板左上角的电源开关拨至右侧（ON 位置），打开实验装置工位下方的总开关（向上拨至 ON 位置），此时 51/430 单片机核心板、PEIO 接口板、PE86B 接口板左上角的红色电源指示灯应点亮，表示设备已正常通电。

（3）用一单根导线将核心板上 MCS-51 单片机的 P1.0 连接到 PEIO 接口板上的发光二极管 L0，再用另一单根导线将核心板上 MCS-51 单片机的 P3.4 连接到 PE86B 接口板上的单脉冲输出孔 SP-，电路如图 6.4.1 所示，图中虚线为需要连接的线。

4. 实验现象

（1）定时器实验。运行 Keil C51 环境，编写程序，编译成功后进入调试模式；全速运行程序，观察发光二极管 L0，应每隔 2 秒发生 1 次跳变。

（2）计数器实验。运行 Keil C51 环境，编写程序，编译成功后进入调试模式；全速运行程序，按动 PE86B 接口板右下角的单脉冲按钮，每当按满 5 次单脉冲按钮，发光二极管 L0 发生 1 次跳变。

【实验拓展】

编写程序，使用定时/计数器设计一个 10 秒倒计时，并通过静态数码管显示。

实验 6.5 中断控制器实验

【实验目的】

中断系统的目的是让单片机对外部或内部的突发事件做出及时响应和处理，是单片机学习过程中的重要内容。通过本实验可了解中断的原理，掌握中断程序的设计方法。

【实验设备】

（1）PC 计算机	1 台
（2）51/430 单片机核心板	1 块
（3）PEIO 接口板	1 块
（4）PE86B 接口板	1 块

【实验内容与步骤】

1．实验内容

（1）外部中断实验：使用单脉冲发生器作为 P3.2（INT0）的中断源，每按一次单脉冲产生一次中断，使 P1.0 控制的发光二极管 L0 发生一次跳变。

（2）定时器中断实验：使用定时器 T0，使 P1.0 控制的发光二极管 L0 每隔 1 秒发生一次跳变。

实验电路如图 6.5.1 所示。

2．实验原理

1）中断的概念

（1）什么是中断

从一个生活中的例子引入。当你正在家中看书（主程序），突然门铃响了（中断请求），你用书签放在当前页（保护现场）之后去开门（中断响应），与客人进行交谈（中断服务），等客人离开后你回到书桌前找到书签所在页（恢复现场），继续看你的书（从中断返回主程序）。这就是生活中的"中断"处理。

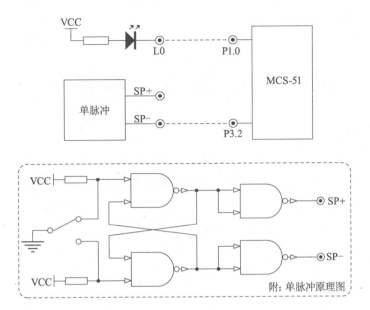

图 6.5.1 实验电路

（2）什么是中断源

生活中很多事件可以引起中断：有人按了门铃，电话铃响了，闹钟响了，锅里的水烧开了，妈妈让你出去打酱油……我们称这些事件为中断源。MCS-51 单片机中有 5 个中断源：2 个外部中断源，2 个定时/计数器中断源，1 个串行口中断源。

（3）中断的嵌套与优先级处理

设想一下，你正在看书时，电话铃响了，同时又有人按了门铃，你该先做哪样呢？如果你正在等一个很重要的电话，一般是不会去理会门铃的，而反之，你正在等一个重要的客人，则可能就不会去接听电话了。如果不是等重要电话，也不是等重要的客人，你可能会按自己的习惯去处理。这里就存在一个优先级的问题，单片机中断也是如此。优先级的问题不仅仅发生在多个中断同时产生的情况，也发生在一个中断已产生，又有另一个中断产生的情况，比如你看书时电话响了，而你在接听电话的时候又有人按了门铃。

（4）中断的响应过程

当有事件产生，进入中断之前你必须先记住现在看到书的第几页了，因为处理完了，你还要回来继续看书。电话铃响了时你要找到你的电话，门铃响了你要走到门口去，不同的中断，要在不同的地点处理。单片机中断也是采用的这种方法，5 个中断源中每个中断产生后都有一个固定的地址去处理这个中断，在跳转到中断入口之前首先要保存下一条指令的执行地址，以便处理完中断后继续往下执行。这个过程可以分为以下几个步骤：

① 暂停当前的程序，即当前的指令执行完后不再继续执行了；

② 保存下一条将要执行的指令的地址（这个地址会被送入堆栈）；

③ 寻找中断入口，根据 5 个不同的中断源所产生的中断，查找 5 个不同的入口地址；

④ 执行中断服务程序；

⑤ 从中断返回，执行完中断服务程序后，从堆栈取出下一条将要执行指令的地址，继续执行。

上述过程中，除了中断服务程序需要编程者来实现外，其余均是由单片机自动完成。

2）中断的优点

单片机为什么要有中断系统？使用中断有什么好处？日常生活中我们除了看书外肯定还要做很多其他的事情，所以我们在看书时不可能每看一行文字就去查看一次电话或者去一次门口看有没有客人要来，那样会导致效率低下。而使用中断的好处如下：

（1）实行分时操作，提高程序的执行效率。只有当服务对象向 CPU 发出中断申请时才去提供中断服务，这样就可以利用中断功能同时为多个对象服务，从而大大提高了 CPU 的工作效率；

（2）实现实时处理，各个服务对象可根据需要随时向 CPU 发出中断申请，及时发现和处理中断请求并为之提供相应的中断服务，以满足实时控制的要求；

（3）进行故障处理，对难以预料的情况或故障，如掉电、事故等，可以向 CPU 发出中断请求，由 CPU 做出相应的处理。

3）单片机中断控制器的结构

前面提到，MCS－51 单片机有 5 个中断源，中断控制器结构如图 6.5.2 所示。

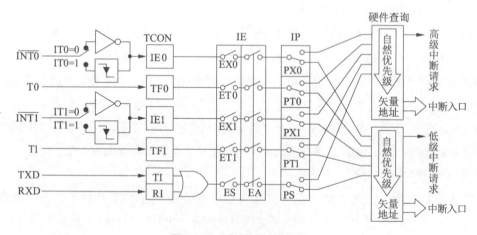

图 6.5.2　中断控制器结构

（1）中断源

① 外部中断

即外部中断 0（INT0）和外部中断 1（INT1），由外部引脚输入，单片机有 P3.2、P3.3 两个 I/O 口，它们的第二功能为外部中断 INT0、INT1。在单片机的内部有一个特殊功能寄存器 TCON，其中有 4 位是与外部中断有关的。还记得 TCON 是什么寄存器吗？

用于定时/计数器				用于中断			
7	6	5	4	3	2	1	0
TF1	TR1	TF0	TR0	IE1	IT1	IE0	IT0

IT0/IT1：外部中断 INT0/INT1 的触发方式控制位，可通过编程进行置位和清零，当 IT0/IT1 = 0 时，INT0/INT1 为低电平触发方式；当 IT0/IT1 = 1 时，INT0/INT1 为下降沿触发方式。

IE0/IE1：外部中断 INT0/INT1 的中断请求标志位，当有外部的中断请求时，该位就会置1；在 CPU 响应中断后该位会自动清0。

② 内部中断

即定时器0（T0）和定时器1（T1）中断，与外部中断一样，它也是由 TCON 中的4 位控制的。

TF0/TF1：定时器 T0/T1 的溢出中断标志，当 T0/T1 计数器产生溢出时由硬件置位 TF0/TF1，当 CPU 响应中断后再由硬件将 TF0/TF1 自动清0。

TR0/TR1：定时器 T0/T1 的启动控制位，当 TR0/TR1 = 1 时，定时器 T0/T1 开始计数；当 TR0/TR1 = 0 时，定时器 T0/T1 停止计数。关于 TR0/TR1 的介绍可参考上一个实验。

③ 串行口中断

负责串行口的发送、接收中断，具体内容将在下一个实验详细讲解。

（2）中断允许寄存器 IE（A8H）

中断的允许或禁止是由片内可进行位寻址的 8 位中断允许寄存器 IE 来控制的，常说的"关中断"就是中断允许，而"关中断"则是中断禁止，使用起来其实很简单，就是通过对 IE 相应的位进行置 1 或清 0 就可以了。

中断允许寄存器 IE							
7	6	5	4	3	2	1	0
EA	——	——	ES	ET1	EX1	ET0	EX0

EA：中断允许总开关，凡是要设置中断都得先通过它，当 EA = 1 时允许所有中断；当 EA = 0 时则禁止所有中断。

ES：串行口中断控制位，当 ES = 1 时允许中断；当 ES = 0 时禁止中断。

ET1：定时器 T1 中断控制位，当 ET1 = 1 时允许中断；当 ET1 = 0 时禁止中断。

EX1：外部 INT1 中断控制位，当 EX1 = 1 时允许中断；当 EX1 = 0 时禁止中断。

ET0：定时器 T0 中断控制位，当 ET0 = 1 时允许中断；当 ET0 = 0 时禁止中断。

EX0：外部 INT0 中断控制位，当 EX0 = 1 时允许中断；当 EX0 = 0 时禁止中断。

例如，现在要设置 T1 和 INT1 允许，其他禁止，则 IE 应为 10001100（8CH），也可用位操作指令来实现。需要注意的是，当单片机上电或硬件复位时，IE 将被全部清 0。

（3）中断源优先级寄存器 IP（D8H）

单片机处理中断的过程和日常生活中有些类似，它也有一个自然优先级和人工优先级的问题，那么编程时应该如何设置呢？这就要用到中断优先级寄存器 IP，它也是一个可位寻址的 8 位寄存器，现在先来看 5 个中断源的自然优先级是如何设置的。

5 个中断源的自然优先级由高到低的排列顺序：外部中断 0 → 定时器中断 0 → 外部中断 1 → 定时器中断 1 → 串口中断。如果不对其进行设置，单片机就按照此顺序检查各个中断标志，这就像生活中按照习惯处理事物一样。但有时需要人工设置高、低优先级，也就是说由编程者来设定哪些中断是高优先级、哪些中断是低优先级，由于只有两级，所以必然只有一些中断处于优先级别，而其他的中断则处于同一级别，处于同一级别的中断顺序就由自然优先级来确定。

设置优先级也很简单，只要把 IP 寄存器的对应位置 1。

中断优先级寄存器 IE							
7	6	5	4	3	2	1	0
—	—	—	PS	PT1	PX1	PT0	PX0

PS：串行口中断优先级，当 PS = 1 时为高优先级；当 PS = 0 时为低优先级。

PT1：定时器 T1 中断优先级，当 PT1 = 1 时为高优先级；当 PT1 = 0 时为低优先级。

PX1：外部 INT1 中断优先级，当 PX1 = 1 时为高优先级；当 PX1 = 0 时为低优先级。

PT0：定时器 T0 中断优先级，当 PT0 = 1 时为高优先级；当 PT0 = 0 时为低优先级。

PX0：外部 INT0 中断优先级，当 PX0 = 1 时为高优先级；当 PX0 = 0 时为低优先级。

当单片机上电或硬件复位时，IP 将被全部清 0，即每个中断都为低优先级，可通过编程对优先级进行设置。例如：现在要求将 T0、INT1 设为高优先级，其他为低优先级求 IP 的值，则 IP 应为 00000110（06H），也可用位操作指令来实现。

在设置完 IP 后，5 个中断的顺应顺序就变为：定时器中断 0 → 外部中断 1 → 外部中断 0 → 定时器中断 1 → 串口中断。

这符合刚才说的除了人工设置的高优先级外，其余的均按照自然优先级来处理。其实这很好理解，如果你在接听一个很重要的电话，同时门铃响了或者锅里的水烧开了，你在放下电话后还是会按照一般的习惯去处理其他的事情，比如先开门让客人进来再去处理烧开的水。

（4）串行口控制寄存器 SCON（98H）

用于串行口中断及控制，具体内容将在下一个实验详细讲解。

4）中断响应的条件和过程

（1）中断响应的原理

单片机工作时，在每个机器周期都去查询一下各个中断标志是否为 1，如果是，就说明有中断请求了。这个中断查询过程并不需要编程者去考虑，单片机内部会自动查询。

（2）中断响应的条件

当有下列 3 种情况之一发生时，CPU 将封锁对中断的响应，而是到下一个机器周期再继续查询：

① CPU 正在处理一个同级或更高级别的中断请求时。

② 当前的指令没有执行完时，单片机有单周期指令和多周期指令。如果当前执行指令是多周期指令，那就要等整条指令都执行完了，才能响应中断。

③ 当前执行的指令是返回指令（RET、RETI）或访问 IP、IE 寄存器的指令时（这些都是与中断有关的操作，访问 IP、IE 则可能会出现开、关中断或改变中断的优先级；而中断返回指令则说明本次中断还没有处理完，所以就要等当前指令执行结束，再执行一条指令才可以响应中断）。

④ 中断响应的过程。CPU 响应中断时，首先把当前指令的下一条指令（就是中断返回后将要执行的指令）的地址（断点地址）送入堆栈，然后根据中断标志，由硬件执行跳转指令，转到相应的中断源入口处，执行中断服务程序，当遇到 RETI（中断返回指令）时返回到断点处继续执行程序，这一系列工作是由硬件自动完成的。那么中断入口的地址是如何来确定的呢？在 MCS-51 单片机中，5 个中断源都有它们各自的中断入口地址：

外部中断 0（INT0）：　　0003H　　定时器中断 0（T0）：　　000BH

外部中断 1（INT1）：　　0013H　　定时器中断 1（T1）：　　001BH

串行口中断：　　0023H

现在，应该明白为什么一些汇编语言程序的开头是这样写的：

```
        ORG     0000H
        AJMP    START
        ORG     0100H       ；为前面的中断及预处理留足空间
START：          …          ；主程序入口
        END
```

这样写的目的就是为了让出中断源所占用的地址，虽然在没有中断的程序里可以直接从地址 0000H 开始写程序，但并不建议这么做，养成良好的编程习惯很重要。不知道读者是否注意到这个问题：每个中断向量地址只间隔了 8 个字节，如 0003H～000BH，在如此少的空间内完成不了中断程序该这么办？很简单！只要在中断入口处写一条 AJMP 指令，跳转到中断服务程序的实体代码，就可以执行中断服务程序了。一个完整的单片机程序（左为汇编语言，右为 C 语言）如下：

```
; 51 汇编程序                    // C51 程序
    ORG    0000H               #include ＜reg51. h＞
    AJMP   START               main（）
    ORG    0003H；INT0          {
                                        // 主程序开始
    AJMP   AINT0
    ORG    000BH  ；T0          }
    AJMP   AT0
    ORG    0100H               void AINT0（）interrupt 0
START：...     ；主程序开始       {
    ...                                // 外部中断 0 服务程序开始
AINT0：...    ；外部中断 0 开始    }
    RETI                        void AT0（）interrupt 1
AT0：   ...    ；定时器中断 0 开始  {
    RETI                                // 定时器中断 0 服务程序开始
    END                         }
```

中断服务程序处理完成后，一定要执行一条 RETI 指令，执行这条指令后，CPU 将会把堆栈中保存着的断点地址取出，送回程序计数器 PC 中，那么程序就会根据 PC 中的值从主程序的中断处继续往下执行了。从 CPU 终止当前程序且转向另一程序这点看，中断的过程很像子程序，其实它们之间还是有区别的：中断发生的时间是随机的，而子程序调用则是按程序进行的，所以它们的返回命令也是不一样的，RET 指令用于从子程序返回，而 RETI 则是用于从中断服务程序返回（这一点千万不能搞错）。

汇编语言是面向机器的，适合学习原理；而高级语言是面向问题的，适合实际应用。如果选择使用 C 语言为单片机编程，将拥有更多的睡觉时间——可以把精力专注于问题本身，而不用理会烦琐的细节，卓越的 Keil C51 编译器已经为读者处理好了这一切！如上述的 C 语言程序，不需要理会中断入口地址、中断返回这些事情。

2. 实验步骤

（1）在实验装置断电状态下，将51/430单片机核心板、PEIO接口板、PE86B接口板正确安装在底板上，并将51/430单片机核心板左侧的3档拨动开关拨至"C51系统"位置、PEIO接口板右上角的高电平切换开关拨至左侧（5V位置）。

（2）确保51/430单片机核心板、PEIO接口板、PE86接口板左上角的电源开关拨至右侧（ON位置），打开实验装置工位下方的总开关（向上拨至ON位置），此时51/430单片机核心板、PEIO接口板、PE86B接口板左上角的红色电源指示灯应点亮，表示设备已正常通电。

（3）用一单根导线将核心板上 MCS – 51 单片机的 P1.0 连接到 PEIO 接口板上的发光二极管 L0，再用另一根导线将核心板上 MCS – 51 单片机的 P3.2 连接到 PE86B 接口板上的单脉冲输出孔 SP – ，电路如图 6.5.1 所示，图中虚线为需要连接的线。

3．实验现象

（1）外部中断实验

运行 Keil C51 环境，编写程序，编译成功后进入调试模式；全速运行程序使用单脉冲发生器作为 P3.2（INT0）的中断源，每按一次单脉冲产生一次中断，使 P1.0 控制的发光二极管 L0 发生一次跳变。

（2）定时器中断实验

运行 Keil C51 环境，编写程序，编译成功后进入调试模式；全速运行程序，观察发光二极管 L0，应每隔 1 秒发生 1 次跳变。

【实验拓展】

外部中断实验与定时器中断实验，在现象上有何异同？

实验 6.6　RS232 串行通信实验

【实验目的】

（1）学习串行口的工作方式。
（2）掌握中断方式的单片机串行通信程序编制方法。

【实验设备】

（1）PC 计算机　　　　　　　　1 台
（2）51/430 单片机核心板　　　　1 块

【实验内容与步骤】

1．实验内容

使用 P3.0、P3.1 串口与 PC 进行数据通信（因大部分 PC 默认不配置 RS232，所以采用 CH341 芯片通过 USB 口在 PC 生成一个虚拟串口用于进行实验），单片机向 PC 发送初始化字符串后等待接收，在 PC 端使用串口助手软件向单片机发送一 ASCII 字符，单片机接收到字符再回发给 PC。实验电路如图 6.6.1 所示。

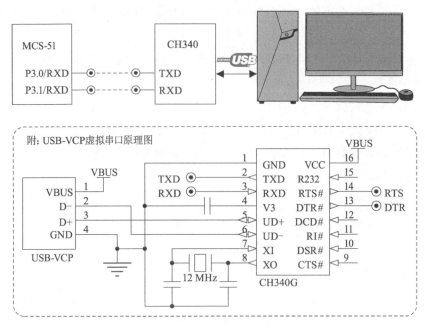

图 6.6.1　实验电路

2．实验原理

首先通过生活中的例子来说明串行通信和并行通信这两种通信方式。

什么是串行通信？甲乙两队在传球，每队只有 1 个人，共需要传 8 个球，发球方把球一个一个传给接球方，这就是串行通信。

什么是并行通信？甲乙两队在传球，每队各有 8 个人，共需要传 8 个球，发球方每人各拿 1 个球，一次可以把 8 个球传给接球方，接球方每人均接到 1 个球，这就是并行通信。

并行通信的优点是高效，而串行通信的优点是节省硬件资源。串行通信还涉及"波特率"的概念，就好比甲乙双方事先协商好传球的速度，如果一个快一个慢，就会出错。

1）MCS‐51 串行口的结构

串行通信按通信的方向分为单工通信和双工通信。在串行通信中，通信接口只能发送或只能接收的单向传送为单工通信；而把数据在甲乙两机之间的双向传递，称之为双工通信。而双工通信又分为半双工通信和全双工通信：半双工通信是两机之间不能同时进行发送和接收，任一时刻只能发送或者只能接收数据，实际上内部有个开关来回切换到接收端和发送端；全双工通信是两机可以同时收发，接收和发送完全独立。

MCS‐51 单片机的串行口为全双工通信，包含有串行接收器和串行发送器。有 2 个物理上独立的接收缓冲器和发送缓冲器：接收缓冲器只能读出接收的数据，但不能写入；发送缓冲器只能写入发送的数据，但不能读出。因此，可以同时收、发数据，实现全双工通信。2 个缓冲器是特殊功能寄存器 SBUF，它们的公用地址为 99H，SBUF 不支持位寻址。此外，还有 SCON、PCON 两个寄存器，分别用于控制串行口的工作方式以及波特率设置，定时器 T1 可用作波特率发生器。

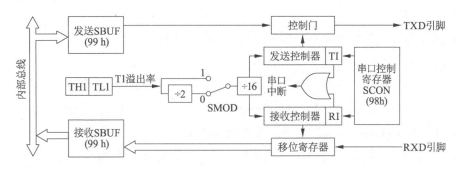

图 6.6.2　串行口结构

2）MCS –51 串行口相关的寄存器

（1）串行口控制寄存器 SCON（98H）

SCON 用来设定串行口的工作方式、接收/发送控制以及设置状态标志，如表 6.6.1 所示。

表 6.6.1　串口控制寄存器 SCON

7	6	5	4	3	2	1	0
SM0	SM1	SM2	REN	TB8	RB8	TI	RI

① SM0、SM1 为工作方式选择位，可选择 4 种工作方式，如表 6.6.2 所示。

表 6.6.2　SM0、SM1 为工作方式

SM0	SM1	方式	说明	波特率
0	0	0	移位寄存器	$fosc \div 12$
0	1	1	10 位异步收发器（8 位数据）	可变
1	0	2	11 位异步收发器（9 位数据）	$fosc \div 64$ 或 $fosc \div 32$
1	1	3	11 位异步收发器（9 位数据）	可变

② SM2 为多机通信控制位，主要用于方式 2 和方式 3。当接收机的 SM2 = 1 时可以利用收到的 RB8 来控制是否激活 RI（RB8 = 0 时不激活 RI，收到的信息丢弃；RB8 = 1 时收到的数据进入 SBUF，并激活 RI，进而在中断服务中将数据从 SBUF 读出）。当 SM2 = 0 时，忽略 RB8 的状态，均可使收到的数据进入 SBUF，并激活 RI（即此时 RB8 不具有控制 RI 激活的功能）。通过控制 SM2，可以实现多机通信。在方式 0 时，SM2 必须是 0。在方式 1 时，若 SM2 = 1，则只有接收到有效停止位时，RI 才置 1。

③ REN 为允许串行接收位，由程序设置。当 REN = 1 时，启动串行口接收数据；当 REN = 0 时，则禁止接收。

④ TB8 在方式 2 或方式 3 中是发送数据的第 9 位，通过程序规定其作用：可用于数据的奇偶校验位，也可在多机通信中作为地址帧/数据帧的标志位。在方式 0 和方式 1 中，该位未使用。

⑤ RB8 在方式 2 或方式 3 中是接收到数据的第 9 位，作为奇偶校验位或地址帧/数据帧的标志位。在方式 1 时，若 SM2 = 0，则 RB8 是接收到的停止位。

⑥ TI 为发送中断标志位，在方式 0 时的串行发送第 8 位数据结束时，或在其他方式的串行发送停止位的开始时，由内部硬件使 TI 置 1，向 CPU 发中断申请。在中断服务程序中，必须用程序将其清 0，取消此中断的申请。

⑦ RI 为接收中断标志位，在方式 0 时的串行接收第 8 位数据结束时，或在其他方式的串行接收停止位的中间时，由内部硬件使 RI 置 1，向 CPU 发中断申请。在中断服务程序中，必须用程序将其清 0，取消此中断的申请。

（2）波特率及电源控制寄存器 PCON（87H）

PCON 是为波特率和 CHMOS 型单片机的电源控制而设置的专用寄存器，只有最高位 SMOD 与串行通信的波特率相关，其余的位在平时几乎不使用，如表 6.6.3 所示。

表 6.6.3　波特率及电源控制寄存器 PCON

7	6	5	4	3	2	1	0
SMOD	SMOD0	BOF	POF	GF1	GF0	PD	IDL

① SMOD 为波特率倍增控制位，在串行口工作在方式 1、方式 2、方式 3 且当 SMOD = 1 时，波特率加倍。单片机上电或硬件复位时，SMOD = 0。

② SMOD0 为 FE/SM0 选择位，当 SMOD0 = 0 时，SCON [7] = SM0；当 SMOD0 = 1 时，SCON [7] = FE。

③ BOF 为 Brown – out 检测状态位，这个位不会被任何其他的复位影响。BOF 可以通过程序清零，上电复位也将清零 BOF 位。当 BOF = 0 时，无 Brown_out；当 BOF = 1 时，Brown_out 产生。

④ POF 为上电复位状态位，这个位不会被任何其他的复位影响。POF 可以通过程序清零，上电复位也将清零 POF 位。当 POF = 0 时，无上电复位；当 POF = 1 时，加电复位发生。

⑤ GF1、GF0 为两个通用工作标志位，用户可以自由使用。

⑥ PD 为掉电模式设定位，当 PD = 0 时，单片机处于正常工作状态；当 PD = 1 时，单片机进入掉电模式，可由外部中断或硬件复位模式唤醒，进入掉电模式后，外部晶振停振，CPU、定时器、串行口全部停止工作，只有外部中断工作。在该模式下，只有硬件复位和上电能够唤醒单片机。

⑦ IDL 为空闲模式设定位，当 IDL = 0 时，单片机处于正常工作状态；当 IDL = 1 时，单片机进入空闲（Idle）模式，除 CPU 不工作外，其余仍继续工作，在空闲模式下

可由任意一个中断或硬件复位唤醒。

3）MCS – 51 串行口的工作方式

（1）方式 0

方式 0 时，串行口为同步移位寄存器的输入输出方式。主要用于扩展并行输入或输出口。数据由 RXD（P3.0）引脚输入或输出，同步移位脉冲由 TXD（P3.1）引脚输出。发送和接收均为 8 位数据，低位在先，高位在后。波特率固定为 fosc ÷ 12。方式 0 输出/输入时序如图 6.6.3 和图 6.6.4 所示。

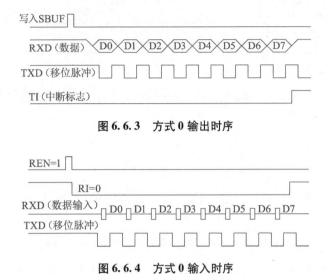

图 6.6.3　方式 0 输出时序

图 6.6.4　方式 0 输入时序

（2）方式 1

方式 1 是 10 位数据的异步通信口。TXD 为数据发送引脚，RXD 为数据接收引脚，传送一帧数据的格式，如图 6.6.5 所示。其中 1 个起始位，8 个数据位，1 个停止位。

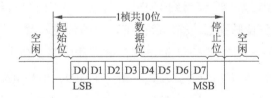

图 6.6.5　方式 1 数据格式

编程置 REN = 1 时，接收器以所选择波特率的 16 倍速率采样 RXD 引脚电平，检测到 RXD 引脚输入电平发生负跳变时，则说明起始位有效，将其移入输入移位寄存器，并开始接收这一帧数据的剩余位。接收过程中，数据从输入移位寄存器最低位移入，起始位移至输入移位寄存器最高位时，控制电路进行最后一次移位。当 RI = 0 且 SM2 = 0（或接收到的停止位为 1）时，将接收到的 9 位数据的前 8 位数据装入接收 SBUF，第 9 位（停止位）进入 RB8，并置 RI = 1，向 CPU 请求中断。方式 1 输出/输入时序如图 6.6.6 和图 6.6.7 所示。

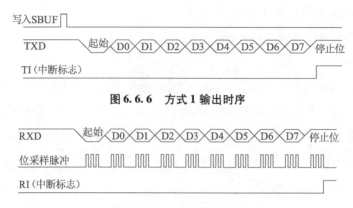

图 6.6.6　方式 1 输出时序

图 6.6.7　方式 1 输入时序

（3）方式 2 和方式 3

方式 2 或方式 3 时为 11 位数据的异步通信口。TXD 为数据发送引脚，RXD 为数据接收引脚。

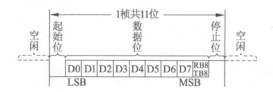

图 6.6.8　方式 2/方式 3 数据格式

方式 2 和方式 3 时有 1 个起始位，9 个数据（含 1 个附加位，发送时为 SCON 寄存器的 TB8 位，接收时为 SCON 寄存器的 RB8 位），1 个停止位，一帧数据为 11 位。方式 2 的波特率固定为晶振频率的 1/64 或 1/32，方式 3 的波特率由定时器 T1 的溢出率决定。

发送开始时，先把起始位 0 输出到 TXD 引脚，然后发送移位寄存器的输出位（D0）到 TXD 引脚。每一个移位脉冲都使输出移位寄存器的各位右移一位，并由 TXD 引脚输出。第一次移位时，停止位"1"移入输出移位寄存器的第 9 位上，以后每次移位，左边都移入 0。当停止位移至输出位时，左边其余位全为 0，检测电路检测到这一条件时，使控制电路进行最后一次移位，并置 TI = 1，向 CPU 请求中断，如图 6.6.9 所示。

图 6.6.9　方式 2/方式 3 输出时序

接收时，数据从右边移入输入移位寄存器，在起始位 0 移到最左边时，控制电路进行最后一次移位。当 RI = 0 且 SM2 = 0（或接收到的第 9 位数据为 1）时，接收到的数据装入接收缓冲器 SBUF 和 RB8（接收数据的第 9 位），置 RI = 1，向 CPU 请求中断。

如果条件不满足，则数据丢失，且不置位 RI，继续搜索 RXD 引脚的负跳变，如图 6.6.10 所示。

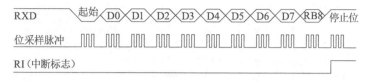

图 6.6.10　方式 2/方式 3 输入时序

（4）波特率的计算

在串行通信中，收发双方对发送或接收数据的速率要有约定。通过程序可对单片机串行口编程为 4 种工作方式，其中方式 0 和方式 2 的波特率是固定的，而方式 1 和方式 3 的波特率是可变的，由定时器 T1 的溢出率来决定。

串行口的 4 种工作方式对应 3 种波特率。由于输入的移位时钟的来源不同，所以，各种方式的波特率计算公式也不相同：

方式 0 的波特率 $= fosc \div 12$

方式 2 的波特率 $= (2^{SMOD} \div 64) \times fosc$

方式 1 的波特率 $= (2^{SMOD} \div 32) \times T1$ 溢出率

方式 3 的波特率 $= (2^{SMOD} \div 32) \times T1$ 溢出率

当 T1 作为波特率发生器时，最典型的用法是使 T1 工作在 8 位自动重装的定时器方式（即方式 2，且 TCON 的 TR1 = 1，以启动定时器）。这时，溢出率取决于 TH1 中的计数值：

T1 溢出率 $= fosc \div \{12 \times [256 - (TH1)]\}$

串行口工作之前，应对其进行初始化，主要是设置产生波特率的定时器 1、串行口控制和中断控制。具体步骤如下：

① 确定 T1 的工作方式（编程 TMOD 寄存器）；

② 计算 T1 的初值，装载 TH1、TL1；

③ 启动 T1（编程 TCON 中的 TR1 位）；

④ 确定串行口控制（编程 SCON 寄存器）；

⑤ 串行口在中断方式工作时，要进行中断设置（编程 IE、IP 寄存器）。

3. 实验步骤

（1）在实验装置断电状态下，将 51/430 单片机核心板正确安装在底板上，并将 51/430 单片机核心板左侧的 3 档拨动开关拨至 "C51 系统" 位置。

（2）确保 51/430 单片机核心板左上角的电源开关拨至右侧（ON 位置），打开实验装置工位下方的总开关（向上拨至 ON 位置），此时 51/430 单片机核心板左上角的红色电源指示灯应点亮，表示设备已正常通电。

（3）用导线将核心板 MCS - 51 单片机的 P3.0、P3.1 分别连接到右上角 VCP

（RS232）单元的 TXD、RXD，再用 USB 电缆连接 VCP（RS232）单元的接口与 PC 的 USB 接口，如图 6.6.1 所示。首次使用需安装 CH340 驱动程序，如图 6.6.11 所示。

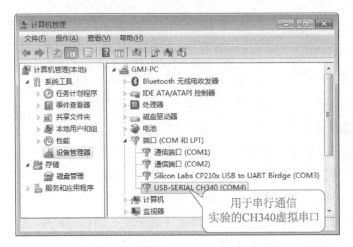

图 6.6.11　实验用的 CH340 虚拟串口

（4）运行串口调试助手软件（本例使用 AccessPort，也可以使用自己习惯的软件），设置串口号（以 CH340 驱动产生的实际串口号为准，本例中为 COM4）、波特率（本例使用 9600）、8 个数据位、1 个停止位、无奇偶校验，如图 6.6.12 所示，并在设置完成后打开 PC 串口。

（5）运行 Keil C51 环境，编写程序，编译成功后进入调试模式。

3．实验现象

（1）全速运行程序，串口助手软件接收到初始字符串，此时在串口助手软件发送框内输入一个字符并单击"发送数据"，单片机收到数据后再回发给 PC，显示在串口助手软件的接收框内，如图 6.6.13 所示。

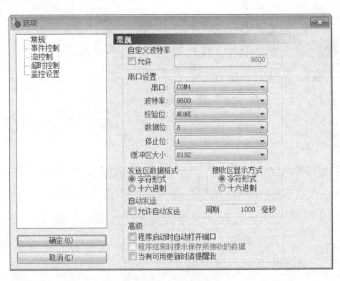

图 6.6.12　设置串口

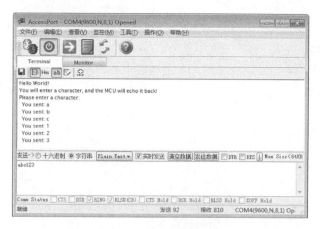

图 6.6.13　串口发送与接收

（2）AccessPort 软件发送说明：在未勾选"实时发送"时，需单击"发送数据"按钮发送框内键入的数据；在已勾选"实时发送"时，无须单击"发送数据"按钮，直接在发送框输入即发送。

【实验拓展】

试着修改实验电路的连接，实现 2 个单片机系统的双机串口通信。

实验 6.7　RS485 串行通信实验

【实验目的】

（1）学习 RS485 差分串行接口的使用。
（2）掌握查询方式的单片机串行通信程序编制方法。

【实验设备】

（1）PC 计算机　　　　　　　　　1 台
（2）51/430 单片机核心板　　　　 1 块
（3）PEIO 接口板　　　　　　　　 1 块

【实验内容与步骤】

1. 实验内容

使用 P3.0、P3.1 串口通过 RS485 实现双机通信，发送端读入逻辑电平开关数据，接收端将串口数据利用发光二极管显示。实验电路如图 6.7.1 所示。

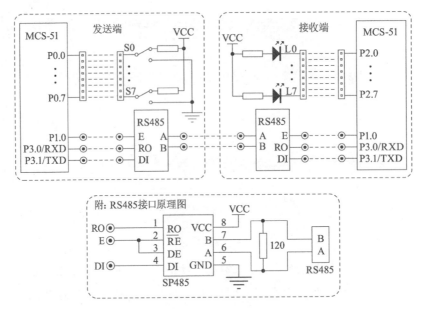

图 6.7.1　实验电路

2．实验原理

关于串行通信的原理，请参考本章实验 6.6。

RS485 和 RS232 相比，前者是半双工通信，后者是全双工通信。因此，RS485 需要有一个信号来控制数据的传输方向（见图 6.7.1）。RS485 单元的"E"即是传输方向控制：当 E=1 时，RS485 处于发送状态；当 E=0 时，RS485 处于接收状态。

3．实验步骤

（1）在实验装置断电状态下，将 51/430 单片机核心板、PEIO 接口板正确安装在底板上，并将 51/430 单片机核心板左侧的 3 档拨动开关拨至"C51 系统"位置、PEIO 接口板右上角的高电平切换开关拨至左侧（5V 位置）。

（2）确保 51/430 单片机核心板、PEIO 接口板左上角的电源开关拨至右侧（ON 位置），打开实验装置工位下方的总开关（向上拨至 ON 位置），此时 51/430 单片机核心板、PEIO 接口板左上角的红色电源指示灯应点亮，表示设备已正常通电。

（3）用导线将核心板 MCS-51 单片机的 P3.0、P3.1、P1.0 分别连接到右侧 RS485 单元的 RO、DI、E（发送端和接收端均按此连接），再把发送端和接收端的 RS485 的 A、B 接口对应连接。

（4）发送端单片机的 P0.0~P0.7 分别连接逻辑电平开关 S0~S7，接收端单片机的 P2.0~P2.7 分别连接连接发光二极管 L0~L7，电路如图 6.7.1 所示。

（5）运行 Keil C51 环境，分别编写发送端、接收端的程序，编译成功后进入调试模式。

4．实验现象

全速运行发送端、接收端的程序，在发送端拨动逻辑电平开关 S0~S7（发送），接收端的发光二极管 L0~L7 对应显示（接收）。

【实验拓展】

在双机分别编写程序，在发送（或接收）完成后改变 RS485 的传输方向，实现数据的相互收发。

实验 6.8　矩阵键盘与动态数码管应用实验

【实验目的】

进一步学习 I/O 口输入输出的应用、矩阵键盘和动态数码管的扫描方法。

【实验设备】

(1) PC 计算机　　　　　　　　　1 台
(2) 51/430 单片机核心板　　　　　1 块
(3) PEIO 接口板　　　　　　　　1 块

【实验内容与步骤】

1. 实验内容

使用 I/O 口通过扫描键盘与数码管实现按键输入和七段码输出，按下某一键后，显示相应的键码。实验电路如图 6.8.1 所示。

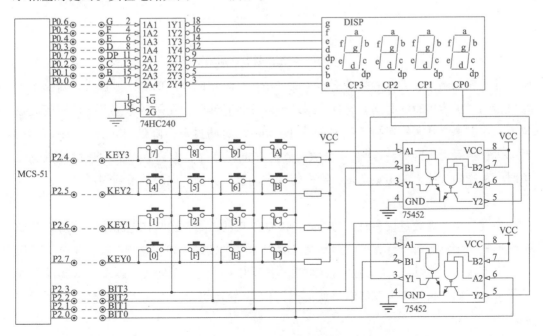

图 6.8.1　实验电路

2. 实验原理

在本章实验 6.3 中学习了独立按键和静态数码管，这里介绍键盘/显示的另一种方法。

（1）什么是动态显示

静态数码管显示电路占用的 I/O 端口较多。例如，每个数码管使用 8 个 I/O 端口，4 个数码管会占用 32 个 I/O 端口。为了节约"寸土寸金"的单片机资源，在实际应用中常采用动态扫描的方法，其接口电路是把所有数码管的 8 个笔段的同名端连在一起，而每一个数码管的位选端与各自独立的 I/O 口连接。当单片机向笔段输出口送出字形码时，所有数码管都能接收到相同的字形码，但究竟让哪个数码管点亮则取决于位选端。通常每个位选端均由一位 I/O 口单独控制，所以可自行决定何时让某一个数码管显示。4 个动态数码管显示电路通常只需要占用 12 个 I/O 端口，即 8 个段码控制加上 4 个位选控制。动态扫描就是采用分时显示的方法，每一时刻仅让其中的一个数码管显示，并循环逐个点亮，控制每个数码管的位选端，使各个数码管每隔一段时间轮替点亮一次。例如，让动态数码管显示"1234"，如图 6.8.2 所示。

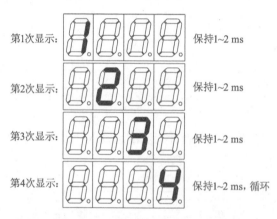

第1次显示：　保持1~2 ms

第2次显示：　保持1~2 ms

第3次显示：　保持1~2 ms

第4次显示：　保持1~2 ms，循环

图 6.8.2　动态数码管扫描原理

动态显示利用了人眼的视觉惰性，即光影一旦在视网膜上形成，视觉将会对这个光影维持一个极为短暂的时间，这种生理现象叫作视觉残留。在循环逐位点亮数码管的扫描过程中，每个数码管保持点亮时间为 1~2ms（时间过短会降低显示亮度并有重影，时间过长会看得出闪烁），尽管 4 个数码管并非同时点亮，但只要扫描的速度在视觉残留时间范围内，给人的感觉就是看到一组稳定的显示数据，肉眼看不到闪烁。

（2）什么是矩阵键盘

当键盘中按键数量较多时，为了减少 I/O 端口的占用，通常在电路上将按键设计成矩阵形式，键盘的每一行和第一列的交叉处通过一个按键连接，这样一来，8 个 I/O 端口即可读取 16 个按键，比用独立按键的方法多出了一倍，而且按键越多，就越能体现出优势。例如：再加 1 个 I/O 端口就可以读取 20 键的键盘，因此矩阵方法也常用于实际应用。

矩阵式键盘和独立式键盘相比，编写的程序要复杂一些，在本实验中所有行线通过上拉电阻预置高电平,而行线所接的 I/O 端口则作为输入端,列线所接的 I/O 端口作为输出端,在读取按键状态时,所有输出端均由程序置为 0,这样当按键没有被按下时,所有的输入端都是高电平;一旦有键按下,则输入线就会被拉低,这样通过读取输入线的状态和判断当前为 0 的输出线,就可以得知是哪一个按键被按下。

2. 实验步骤

(1) 在实验装置断电状态下,将 51/430 单片机核心板、PEIO 接口板正确安装在底板上,并将 51/430 单片机核心板左侧的 3 档拨动开关拨至 "C51 系统" 位置、PEIO 接口板右上角的高电平切换开关拨至左侧 (5V 位置)。

(2) 确保 51/430 单片机核心板、PEIO 接口板左上角的电源开关拨至右侧 (ON 位置),打开实验装置工位下方的总开关 (向上拨至 ON 位置),此时 51/430 单片机核心板、PEIO 接口板左上角的红色电源指示灯应点亮,表示设备已正常通电。

(3) 用导线将核心板 MCS‒51 单片机的 P0.0～P0.7 分别连接到 PEIO 接口板动态显示的各段 (a b c d e f g dp)、P2.0～P2.3 分别连接到 PEIO 接口板矩阵键盘和动态显示共用的位选择线 BIT0～BIT3、P2.4～P2.5 分别连接到 PEIO 接口板矩阵键盘读入信号 KEY0～KEY3,如图 6.8.1 所示。

(4) 运行 Keil C51 环境,编写程序,编译成功后进入调试模式。

3. 实验现象

全速运行程序,程序初始化时在数码管左起第 1 位显示 "P.",按下键盘的某个键,在数码管上显示相应键值。

【实验拓展】

编写程序,在按下按键显示键值的同时再通过 P1 口控制发光二极管,使发光二极管 L7～L0 以二进制方式显示键值。

实验 6.9　V/F 电压频率转换实验

【实验目的】

(1) 熟悉 LM331 器件的工作原理及电路的连接。
(2) 学习简易低频频率计功能的实现。

【实验设备】

(1) PC 计算机　　　　　　　　1 台
(2) 51/430 单片机核心板　　　1 块
(3) PEAD 接口板　　　　　　　1 块

【实验内容与步骤】

1. 实验内容

利用 LM331 器件实现 V/F 转换，将 0～5V 的模拟电压转换成与模拟量电压变化呈线性关系的频率值，用单片机的定时/计数器获取频率值。实验电路如图 6.9.1 所示。

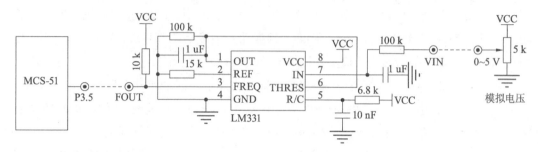

图 6.9.1 实验电路

2. 实验步骤

（1）在实验装置断电状态下，将 51/430 单片机核心板、PEAD 接口板正确安装在底板上，并将 51/430 单片机核心板左侧的 3 档拨动开关拨至"C51 系统"位置。

（2）确保 51/430 单片机核心板、PEAD 接口板左上角的电源开关拨至右侧（ON 位置），打开实验装置工位下方的总开关（向上拨至 ON 位置），此时 51/430 单片机核心板、PEAD 接口板左上角的红色电源指示灯应点亮，表示设备已正常通电。

（3）用导线将 PEAD 接口板 V/F 单元的 VIN 连接到该板的 0～5V 模拟电压（板上有 2 路 0～5V 模拟电压，任选一路）、V/F 单元的 FOUT 连接到核心板 MCS-51 单片机的 P3.5，如图 6.9.1 所示。

（4）运行 Keil C51 环境，编写程序，编译成功后进入调试模式。

3. 实验现象

以断点方式运行程序，调节 0～5V 模拟量，观察 V/F 转换后的频率值，如图 6.9.2 所示。

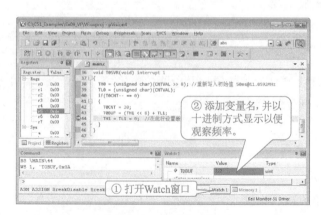

图 6.9.2 程序运行结果

【实验拓展】

编写程序，通过动态数码管显示频率值。

实验 6.10　PWM 电压转换实验

【实验目的】

了解脉冲宽度调制（PWM）的原理，学习使用 LM358 控制 PWM 输出模拟量。

【实验设备】

（1）PC 计算机	1 台
（2）51/430 单片机核心板	1 块
（3）PEAD 接口板	1 块
（4）PEIO 接口板	1 块

【实验内容与步骤】

1．实验内容

固定周期内，改变脉宽（即修改其占空比），再经积分电路形成直流电压，从而实现对电机等设备速度的控制。

用单片机的 P1.0 输出不同占空比的脉冲，通过 PWM 转换成电压输出。

实验电路如图 6.10.1 所示。

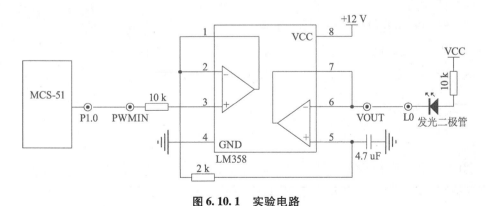

图 6.10.1　实验电路

2．实验步骤

（1）在实验装置断电状态下，将 51/430 单片机核心板、PEAD 接口板、PEIO 接口板正确安装在底板上，并将 51/430 单片机核心板左侧的 3 档拨动开关拨至"C51 系统"

位置、PEIO 接口板右上角的高电平切换开关拨至左侧（5V 位置）。

（2）确保 51/430 单片机核心板、PEAD 接口板、PEIO 接口板左上角的电源开关拨至右侧（ON 位置），打开实验装置工位下方的总开关（向上拨至 ON 位置），此时 51/430 单片机核心板、PEAD 接口板、PEIO 接口板左上角的红色电源指示灯应点亮，表示设备已正常通电。

（3）用导线将核心板 MCS – 51 单片机的 P1.0 连接到 PEAD 接口板 PWM 单元的 PWMIN、PWM 单元的 VOUT 连接到 PEIO 接口板发光二极管 L0，如图 6.10.1 所示。

（4）运行 Keil C51 环境，编写程序，编译成功后进入调试模式。

3．实验现象

全速运行程序，观察发光二极管 L0 呼吸灯效果。

【实验拓展】

当占空比为 50%（5∶5）时，VOUT 端输出电压约为 2.5V。根据这一特点，编写程序，改变占空比，使 PWM 输出相应的电压。

实验 6.11　ADC0809 并行 A／D 转换实验

【实验目的】

了解模数转换基本原理，掌握 MCS – 51 单片机与 ADC0809 并行器件的接口技术。

【实验设备】

（1）PC 计算机　　　　　　　　1 台
（2）51/430 单片机核心板　　　　1 块
（3）PEAD 接口板　　　　　　　1 块
（4）PE74X 接口板　　　　　　　1 块

【实验内容与步骤】

1．实验内容

利用 ADC0809 并行器件作为 A/D 转换器，输入 0～5V 模拟电压，编制程序，将模拟量转换成数字量并计算出电压值。实验电路如图 6.11.1 所示。

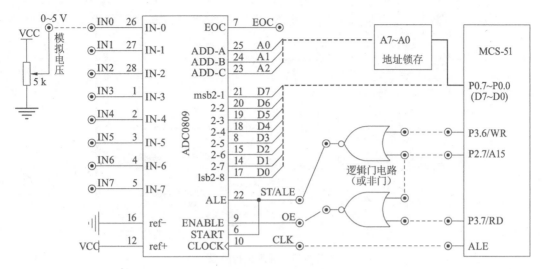

图 6.11.1　实验电路

2．实验步骤

（1）在实验装置断电状态下，将 51/430 单片机核心板、PEAD 接口板、PE74X 接口板正确安装在底板上，并将 51/430 单片机核心板左侧的 3 档拨动开关拨至"C51 系统"位置。

（2）确保 51/430 单片机核心板、PEAD 接口板、PE74X 接口板左上角的电源开关拨至右侧（ON 位置），打开实验装置工位下方的总开关（向上拨至 ON 位置），此时51/430 单片机核心板、PEAD 接口板、PE74X 接口板左上角的红色电源指示灯应点亮，表示设备已正常通电。

（3）用排线将核心板 MCS–51 单片机的 P0.0～P0.7（数据总线）和 A0～A7（由P0.0～P0.7 锁存输出的地址总线）分别连接到 PEAD 接口板数据总线 D0～D7 和地址总线 A0～A7，将单片机的 P2.5（A15）同时连接到 PE74X 接口板的 2 个或非门的一输入端，将 P3.6（WR）连接到 PE74X 接口板或非门（一）的另一输入端，将 P3.7（RD）连接到 PE74X 接口板或非门（二）的另一输入端，将或非门（一）的输出端连接到ADC0809 的 ST/ALE，将或非门（二）的输出端连接到 ADC0809 的 OE，将单片机的ALE 连接到 ADC0809 的 CLK，将 0～5V 模拟电压连接到 ADC0809 的 IN0，如图6.11.1所示。

（4）运行 Keil C51 环境，编写程序，编译成功后进入调试模式。

3．实验现象

以单步或断点方式运行程序，调节 0～5V 模拟量，观察 ADC0809 的读出值和转换后的电压值，如图 6.11.2 所示。

图 6.11.2　程序运行结果

【实验拓展】

编写程序，通过动态数码管显示 A/D 转换值/电压值。

实验 6.12　DAC0832 并行 D／A 转换实验

【实验目的】

了解数模转换的基本原理，学习 DAC0832 芯片的使用方法并掌握 MCS－51 单片机的并行接口技术。

【实验设备】

（1）PC 计算机　　　　　　　　1 台
（2）51/430 单片机核心板　　　　1 块
（3）PEAD 接口板　　　　　　　1 块
（4）PEIO 接口板　　　　　　　1 块

【实验内容与步骤】

1. 实验内容

编制程序，利用 DAC0832 芯片输出不同电压控制 LED 由亮渐暗、由暗渐亮，实现呼吸灯效果。实验电路如图 6.12.1 所示。

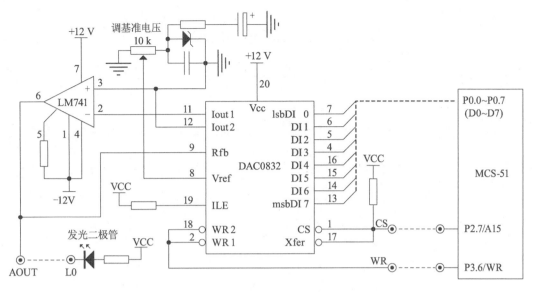

图 6.12.1　实验电路

2．实验步骤

（1）在实验装置断电状态下，将 51/430 单片机核心板、PEAD 接口板、PEIO 接口板正确安装在底板上，并将 51/430 单片机核心板左侧的 3 档拨动开关拨至"C51 系统"位置、PEIO 接口板右上角的高电平切换开关拨至左侧（5V 位置）。

（2）确保 51/430 单片机核心板、PEAD 接口板、PEIO 接口板左上角的电源开关拨至右侧（ON 位置），打开实验装置工位下方的总开关（向上拨至 ON 位置），此时 51/430 单片机核心板、PEAD 接口板、PEIO 接口板左上角的红色电源指示灯应点亮，表示设备已正常通电。

（3）用排线将核心板 MCS−51 单片机的 P0.0～P0.7（数据总线）连接到 PEAD 接口板数据总线 D0～D7，用导线将核心板 MCS−51 单片机的 P2.7（A15）、P3.6（WR）分别连接到 PEAD 接口板 DAC0832 单元的 CS、WR，并将 DAC0832 单元的 AOUT 连接到 PEIO 接口板发光二极管 L0，如图 6.12.1 所示。

（4）运行 Keil C51 环境，编写程序，编译成功后进入调试模式。

3．实验现象

全速运行程序，观察发光二极管 L0 呼吸灯效果。

【实验拓展】

编写程序，使 DAC0832 输出方波、锯齿波、三角波等。

实验 6.13　LED 16×16 点阵显示实验

【实验目的】

（1）学习利用 74HC595 串入并出移位器扫描点阵显示。

（2）掌握接口技术和程序设计方法。

【实验设备】

（1）PC 计算机　　　　　　　　1 台

（2）51/430 单片机核心板　　　　1 块

（3）PEDISP2 接口板　　　　　　1 块

【实验内容与步骤】

1. 实验内容

编写程序，在 LED 16×16 点阵模块上显示汉字或图形。实验电路如图 6.13.1 所示。

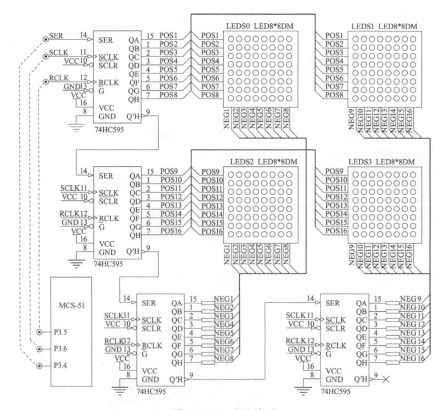

图 6.13.1　实验电路

2．实验步骤

（1）在实验装置断电状态下，将 51/430 单片机核心板、PEDISP2 接口板正确安装在底板上，并将 51/430 单片机核心板左侧的 3 档拨动开关拨至"C51 系统"位置。

（2）确保 51/430 单片机核心板、PEDISP2 接口板左上角的电源开关拨至右侧（ON 位置），打开实验装置工位下方的总开关（向上拨至 ON 位置），此时 51/430 单片机核心板、PEDISP2 接口板左上角的红色电源指示灯应点亮，表示设备已正常通电。

（3）用将核心板 MCS‑51 单片机的 P3.4、P3.5、P3.6 分别连接到 PEDISP2 接口板 LED 16×16 点阵显示单元的 SER、RCLK、SCLK，如图 6.13.1 所示。

（4）运行 Keil C51 环境，编写程序，编译成功后进入调试模式。

3．实验现象

全速运行程序，观察 LED 16×16 点阵显示。

【实验拓展】

编写程序，使 LED 16×16 点阵模块显示自己的名字。汉字取模方法如下：

（1）打开字模提取软件，在下方的"文字输入区"输入想要取模的汉字并按 Ctrl + Enter 组合键，如图 6.13.2 所示。

图 6.13.2　输入需要取模的汉字

（2）打开界面左侧"参数设置"下的"其他选项"，设置取模方式为"纵向取模"，勾选"字节倒序"，并保留文字字模数据的最后一个逗号（便于将多个汉字放入同一个数组），如图 6.13.3 所示。

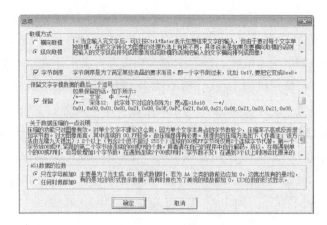

图 6.13.3　取模选项

（3）在完成输入汉字、设置取模选项后，打开界面左侧"取模方式"，这里有多种生成格式，常用的有 C51 格式（C 语言）和 A51 格式（汇编语言），单击"C51 格式"，即在界面下方的"点阵生成区"生成 C 语言数组可用的数据，将其复制粘贴到源程序即可，如图 6.13.4 所示。

图 6.13.4　完成取模

实验 6.14　LCD 128×64 图形液晶显示实验

【实验目的】

（1）掌握图形液晶模块的控制方法。

（2）学习液晶驱动程序及高级接口函数的编写。

【实验设备】

（1）PC 计算机　　　　　　　　　　1 台

（2）51/430 单片机核心板　　　　1 块

（3）PEDISP1 接口板　　　　　　　1 块

【实验内容与步骤】

1. 实验内容

控制字符型液晶模块，分别用并行方式和串行方式驱动液晶模块，在 LCD 128 × 64 屏幕上显示图像和字符。实验电路如图 6.14.1 所示。

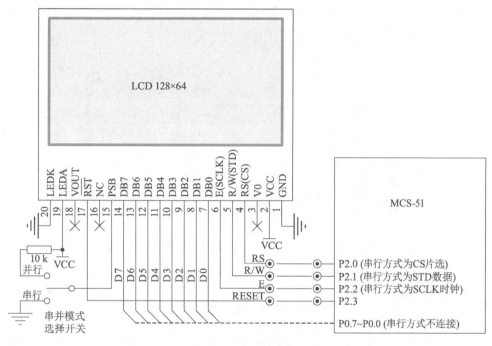

图 6.14.1　实验电路

2. 实验步骤

（1）在实验装置断电状态下，将 51/430 单片机核心板、PEDISP1 接口板正确安装在底板上，并将 51/430 单片机核心板左侧的 3 档拨动开关拨至 "C51 系统" 位置。

（2）确保 51/430 单片机核心板、PEDISP1 接口板左上角的电源开关拨至右侧（ON 位置），打开实验装置工位下方的总开关（向上拨至 ON 位置），此时 51/430 单片机核心板、PEDISP1 接口板左上角的红色电源指示灯应点亮，表示设备已正常通电。

（3）并行方式连线：将核心板 MCS－51 单片机的 P2.0、P2.1、P2.2、P2.3 分别连接到 PEDISP1 接口板 LCD 128 × 64 液晶显示单元的 RS、R/W、E、RESET，用 8 芯排线将单片机 P0.0 ~ P0.7 连接液晶显示单元的 D0 ~ D7，将液晶模块下方的开关拨至 "并行" 位置，如图 6.14.1 所示。

（4）串行方式连线：与并行方式相比，仅保留 P2.0（CS）、P2.1（STD）、P2.2（SCLK）、P2.3（RST）连接，液晶模块下方的开关拨至 "串行" 位置，如图 6.14.1 所示。

（5）运行 Keil C51 环境，编写并行方式或串行方式的液晶显示程序，编译成功后进入调试模式。

3. 实验现象

全速运行程序，观察 LCD 128×64 液晶模块显示。

【实验拓展】

（1）编写程序，使 LCD 128×64 液晶模块显示单色 BMP 图像。位图取模方法如下：

① 打开字模提取软件，单击左侧的"打开图像图标"按钮，选择需要取模的图形文件（大小为 128×64 的单色 BMP），如图 6.14.2 所示。

图 6.14.2　打开需要取模的图像

② 打开界面左侧"参数设置"下的"其他选项"，设置取模方式为"横向取模"，不勾选"字节倒序"，如图 6.14.3 所示。

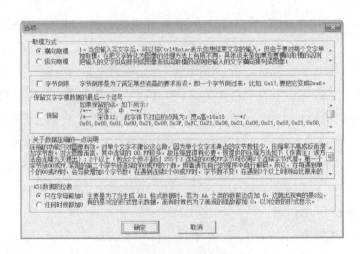

图 6.14.3　取模选项

③ 在完成打开图像、设置取模选项后，打开界面左侧"取模方式"，这里有多种生成格式，常用的有 C51 格式（C 语言）和 A51 格式（汇编语言），单击"C51 格式"，即在界面下方的"点阵生成区"生成 C 语言数组可用的数据，将其复制粘贴到源程序即可，如图 6.14.4 所示。

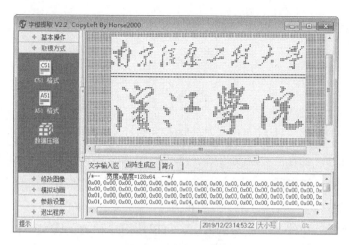

图 6.14.4　完成取模

串行方式最大的优点就是节省 I/O，这对资源有限的单片机系统来说非常重要。后面的几个实验中将使用串行方式驱动液晶模块来显示实验数据。

（2）关于 Keil 编译器 0xFD 的"bug"的解决方法：

在使用自带中文字库的液晶模块时，常使用如下方法定义需要显示的字符串：

```
unsigned char code CorpInf [ ] =
{
    "南京信息工程大学"
    "滨江学院无锡校区"
    "　明德格物　　　"
    "　　　立己达人　"
};
```

因为汉字"锡"的内码是 0xCE 0xFD，而 Keil 编译器处理字符数组时，会把数组中的 0xFD、0xFE、0xFF 忽略掉，导致程序运行时液晶显示不全而产生乱码。这个问题从 Keil 编译器初版到最新版一直存在，困扰着不少初学者，有很多国家的程序员向 Keil 公司反馈，Keil 官网上也给出了统一回复和解决方法（http：//www. keil. com/support/docs/2618. htm），但并不承认这是一个"bug"，理由是 ANSI 标准只要求支持 0x00 ~ 0x7F 范围内的字符，所以也一直没有修复，以下是 Keil 官方回复 0xFD 问题的部分截图，如图 6.14.5 所示。

GENERAL: COMPILER IGNORES 0XFD, 0XFE,
0XFF VALUES IN STRINGS

QUESTION

I have a problem with the interpretation of Russian strings in the Keil C51 compiler. Some Russian characters are using the encoding 0xFD. It looks like this encoding is ignored by the compiler and is not included in the program code.

Example:

```
code char RussianString[] = "??? ????";
```

Why does this problem exist and how can I avoid this behavior?

ANSWER

The character encodings 0xFD, 0xFE, and 0xFF are used internally by the C compiler. The ANSI standard only requires support for ASCII characters in the range 0x00 - 0x7F.

You may insert these characters by using HEX encodings in the string as follows:

```
code char RussianString[] = "My Text" "\xFD";
```

A simple text replacement which replaces all 0xFD characters with the string '" "\xFD' should do the job.

图 6.14.5　Keil 官网对 0xFD 问题的回复及解决方法

针对这个问题，也有一些网友写出了修补程序，确实可以解决 0xFD 问题，但这是以直接修改可执行文件实现的，存在着未知的风险。在软件项目中，一个 bug 改不好可能会有产生更多的 bug，况且这是非官方的补丁，所以不建议使用。

因此，上面的语句按 Keil 给出的方法，可以使用 C 语言的转义字符：

unsigned char code CorpInf [ ] =

{

"南京信息工程大学"

"滨江学院无锡 \ xFD 校区"　　　//或者:"滨江学院无 \ xCE \ xFD 校区"

"　明德格物　　"

"　　立己达人　"

};

在 GB 2313 中包含 0xFD 的汉字共有 71 个，如表 6.14.1 所示。

表 6.14.1　含有 0xFD 的汉字及其内码

汉字	内码	汉字	内码	汉字	内码	汉字	内码
褒	B0 FD	饼	B1 FD	昌	B2 FD	除	B3 FD
待	B4 FD	谍	B5 FD	洱	B6 FD	俘	B7 FD
庚	B8 FD	过	B9 FD	糊	BA FD	积	BB FD
箭	BC FD	烬	BD FD	君	BE FD	魁	BF FD
例	C0 FD	笼	C1 FD	慢	C2 FD	谬	C3 FD
凝	C4 FD	琵	C5 FD	讫	C6 FD	驱	C7 FD
三	C8 FD	升	C9 FD	数	CA FD	她	CB FD
听	CC FD	妄	CD FD	锡	CE FD	涓	CF FD

汉字	内码	汉字	内码	汉字	内码	汉字	内码
旋	D0 FD	妖	D1 FD	引	D2 FD	育	D3 FD
札	D4 FD	正	D5 FD	铸	D6 FD	—	—
佚	D8 FD	冽	D9 FD	邶	DA FD	坤	DB FD
莘	DC FD	蔟	DD FD	摅	DE FD	啐	DF FD
帻	E0 FD	猃	E1 FD	恺	E2 FD	泯	E3 FD
潻	E4 FD	妪	E5 FD	纵	E6 FD	琼	E7 FD
絮	E8 FD	莘	E9 FD	挈	EA FD	臊	EB FD
芯	EC FD	睢	ED FD	铨	EE FD	稞	EF FD
痕	F0 FD	顾	F1 FD	螨	F2 FD	箅	F3 FD
酏	F4 FD	觚	F5 FD	鳊	F6 FD	舋	F7 FD

实验 6.15　TLC549C 串行 A／D 转换实验

【实验目的】

（1）学习 SPI 总线通信编程方法。

（2）掌握 TLC549C 串行 A/D 转换器的应用编程。

【实验设备】

（1）PC 计算机　　　　　　　　1 台

（2）51/430 单片机核心板　　　1 块

（3）PESER 接口板　　　　　　1 块

（4）PEDISP1 接口板　　　　　1 块

【实验内容与步骤】

1. 实验内容

使用单片机 I/O 口模拟 SPI 总线，配置 A/D 转换芯片，读取转换值并计算电压值，将结果通过 LCD 128×64 液晶模块显示，以完成一个简易电压表的设计。实验电路如图 6.15.1 所示。

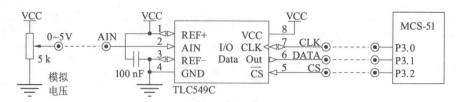

图 6.15.1　实验电路

2. 实验步骤

（1）在实验装置断电状态下，将 51/430 单片机核心板、PESER 接口板、PEDISP1 接口板正确安装在底板上，并将 51/430 单片机核心板左侧的 3 档拨动开关拨至 "C51 系统" 位置、PESER 接口板右上角的高电平切换开关拨至左侧（5V 位置）。

（2）确保 51/430 单片机核心板、PESER 接口板、PEDISP1 接口板左上角的电源开关拨至右侧（ON 位置），打开实验装置工位下方的总开关（向上拨至 ON 位置），此时 51/430 单片机核心板、PESER 接口板、PEDISP1 接口板左上角的红色电源指示灯应点亮，表示设备已正常通电。

（3）A/D 转换连线：将核心板 MCS－51 单片机的 P3.0、P3.1、P3.2 分别连接到 PESER 接口板串行 A/D 单元的 CLK、DATA、CS，并将 PESER 接口板串行 A/D 单元的 AIN 接入 PESER 接口板 0～5V 模拟电压，如图 6.15.1 所示。

（4）液晶显示连线：将核心板 MCS－51 单片机的 P2.0、P2.1、P2.2、P2.3 分别连接到 PEDISP1 接口板 LCD 128 × 64 液晶显示单元的 RS（CS）、R/W（STD）、E（SCLK）、RST，并液晶模块下方的开关拨至 "串行" 位置，如图 6.15.1 所示。

（5）运行 Keil C51 环境，编写程序，编译成功后进入调试模式。

3. 实验现象

全速运行程序，调节 0～5V 模拟电压，观察 LCD 128 ×64 液晶模块显示的结果。

【实验拓展】

编写程序，将 A/D 的转换值绘制成波形并通过 LCD 128 ×64 液晶模块显示，设计一个简易的虚拟示波器。

实验 6.16　TLV5616C 串行 D／A 转换实验

【实验目的】

（1）学习 SPI 总线通信编程方法。

（2）掌握 TLV5616C 串行 D/A 转换器的应用编程。

【实验设备】

(1) PC 计算机　　　　　　　　1 台

(2) 51/430 单片机核心板　　　　1 块

(3) PESER 接口板　　　　　　1 块

(4) PEIO 接口板　　　　　　　1 块

【实验内容与步骤】

1. 实验内容

使用单片机 I/O 口模拟 SPI 总线，配置 D/A 转换芯片输出不同电压控制 LED 由亮渐暗、由暗渐亮，实现呼吸灯效果。实验电路如图 6.16.1 所示。

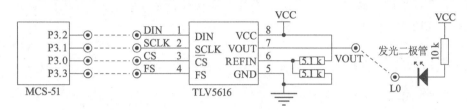

图 6.16.1　实验电路

2. 实验步骤

(1) 在实验装置断电状态下，将 51/430 单片机核心板、PESER 接口板、PEIO 接口板正确安装在底板上，并将 51/430 单片机核心板左侧的 3 档拨动开关拨至 "C51 系统"位置、PESER 和 PEIO 接口板右上角的高电平切换开关拨至左侧（5V 位置）。

(2) 确保 51/430 单片机核心板、PESER 接口板、PEIO 接口板左上角的电源开关拨至右侧（ON 位置），打开实验装置工位下方的总开关（向上拨至 ON 位置），此时 51/430 单片机核心板、PESER 接口板、PEIO 接口板左上角的红色电源指示灯应点亮，表示设备已正常通电。

(3) 实验连线：将核心板 MCS - 51 单片机的 P3.0、P3.1、P3.2、P3.3 分别连接到 PESER 接口板串行 D/A 单元的 CS、SCLK、DIN、FS，再将串行 D/A 的输出 VOUT 连接 PEIO 接口板发光二极管 L0，如图 6.16.1 所示。

(4) 运行 Keil C51 环境，编写程序，编译成功后进入调试模式。

3. 实验现象

全速运行程序，观察发光二极管 L0 呼吸灯效果。

【实验拓展】

D/A 转换器输出的模拟电压，除了控制 LED 外，还能控制哪些对象？

实验 6.17　DS1302 实时时钟实验

【实验目的】

（1）学习 SPI 总线通信编程方法；

（2）掌握 DS1302 实时时钟（RTC）芯片的应用编程。

【实验设备】

（1）PC 计算机　　　　　　　　1 台

（2）51/430 单片机核心板　　　 1 块

（3）PESER 接口板　　　　　　 1 块

（4）PEDISP1 接口板　　　　　 1 块

【实验内容与步骤】

1. 实验内容

使用单片机 I/O 口模拟 SPI 总线，配置 DS1302 芯片，设置 RTC 并循环读取，并将 RTC 信息（年、月、日、星期、时、分、秒）通过 LCD 128×64 液晶模块显示，以完成一个简易电子万年历的设计。实验电路如图 6.17.1 所示。

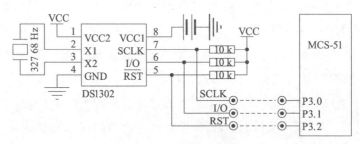

图 6.17.1　实验电路

2. 实验步骤

（1）在实验装置断电状态下，将 51/430 单片机核心板、PESER 接口板、PEDISP1 接口板正确安装在底板上，并将 51/430 单片机核心板左侧的 3 档拨动开关拨至"C51 系统"位置、PESER 接口板右上角的高电平切换开关拨至左侧（5V 位置）。

（2）确保 51/430 单片机核心板、PESER 接口板、PEDISP1 接口板左上角的电源开关拨至右侧（ON 位置），打开实验装置工位下方的总开关（向上拨至 ON 位置），此时 51/430 单片机核心板、PESER 接口板、PEDISP1 接口板左上角的红色电源指示灯应点亮，表示设备已正常通电。

（3）DS1302 连线：将核心板 MCS–51 单片机的 P3.0、P3.1、P3.2 分别连接到

PESER 接口板实时时钟单元的 SCLK、I/O、RST，如图 6.17.1 所示。

（4）液晶显示连线：将核心板 MCS – 51 单片机的 P2.0、P2.1、P2.2、P2.3 分别连接到 PEDISP1 接口板 LCD 128 × 64 液晶显示单元的 RS（CS）、R/W（STD）、E（SCLK）、RST，并液晶模块下方的开关拨至"串行"位置，如图 6.14.1 所示。

（5）运行 Keil C51 环境，编写程序，编译成功后进入调试模式。

3. 实验现象

全速运行程序，观察 LCD 128 ×64 液晶模块显示的实时时钟数据。

【实验拓展】

编写程序，通过计算来实现农历、闰年的显示。

实验 6.18　MAX705　"看门狗"　实验

【实验目的】

掌握 MAX705 外部"看门狗"控制器的使用方法。

【实验设备】

（1）PC 计算机　　　　　　　　1 台

（2）51/430 单片机核心板　　　　1 块

（3）PESER 接口板　　　　　　　1 块

（4）PEIO 接口板　　　　　　　　1 块

【实验内容与步骤】

1. 实验内容

"看门狗"（WatchDog）是一个定时器电路，一般有一个输入（喂狗）、一个输出（用来接入 MCU 的 RST 引脚），当 MCU 正常工作的时候，会每隔一段时间向"看门狗"输出一个喂狗信号给看门狗清零，如果在规定的时间没有喂狗（一般在程序跑飞，即发生死机），"看门狗"定时器就会向 MCU 输出复位信号，使 MCU 重新运行。

在本实验中，控制 1 位 I/O 输出连续的脉冲信号到 MAX705（喂看门狗），当移除该 I/O 与 MAX705 的导线时（停止喂狗，模拟 MCU 死机），观察"看门狗"RST 输出端的变化。

在实际应用中，"看门狗"的输出会接入 MCU 的复位以便让程序重新运行。在本实验中，为了便于观察，将"看门狗"的输出端接入发光二极管。当发光二极管点亮时，即表示"看门狗"输出了复位信号。

实验电路如图 6.18.1 所示。

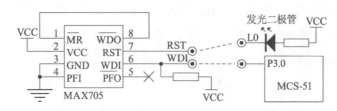

图 6.18.1　实验电路

2. 实验步骤

（1）在实验装置断电状态下，将 51/430 单片机核心板、PESER 接口板、PEIO 接口板正确安装在底板上，并将 51/430 单片机核心板左侧的 3 档拨动开关拨至"C51 系统"位置、PESER 和 PEIO 接口板右上角的高电平切换开关拨至左侧（5V 位置）。

（2）确保 51/430 单片机核心板、PESER 接口板、PEIO 接口板左上角的电源开关拨至右侧（ON 位置），打开实验装置工位下方的总开关（向上拨至 ON 位置），此时 51/430 单片机核心板、PESER 接口板、PEIO 接口板左上角的红色电源指示灯应点亮，表示设备已正常通电。

（3）实验连线：将核心板 MCS－51 单片机的 P3.0 连接到 PESER 接口板"看门狗"单元的 WDI，再将"看门狗"的输出 RST 连接 PEIO 接口板发光二极管 L0，如图 6.18.1 所示。

（4）运行 Keil C51 环境，编写程序，编译成功后进入调试模式。

3. 实验现象

全速运行程序，P3.0 不断输出信号喂狗，使"看门狗"定时器不断被清零，发光二极管 L0 保持熄灭（"看门狗"未输出），当移除 P3.0 导线时（停止喂狗），"看门狗"定时器不被清零，在超时后输出复位信号（发光二极管点亮）。

【实验拓展】

本实验例程为了说明问题，在主程序中执行喂狗操作，当在程序庞大复杂的情况下，如何实现定时喂狗？

实验 6.19　AT24C02 串行 EEPROM 读写实验

【实验目的】

（1）学习 IIC 总线通信编程方法。

（2）掌握 AT24C02 串行 EEPROM 芯片的使用。

【实验设备】

（1）PC 计算机	1 台
（2）51/430 单片机核心板	1 块
（3）PESER 接口板	1 块
（4）PEDISP1 接口板	1 块

【实验内容与步骤】

1. 实验内容

使用单片机 I/O 口模拟 IIC 总线，向 AT24C02 写入 8 个伪随机数后再读出，将读写结果通过 LCD 128×64 液晶模块显示，如果读出的数据与写入的数据一致，说明读写正确。实验电路如图 6.19.1 所示。

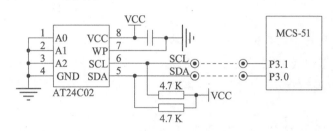

图 6.19.1　实验电路

2. 实验步骤

（1）在实验装置断电状态下，将 51/430 单片机核心板、PESER 接口板、PEDISP1 接口板正确安装在底板上，并将 51/430 单片机核心板左侧的 3 档拨动开关拨至"C51 系统"位置、PESER 接口板右上角的高电平切换开关拨至左侧（5V 位置）。

（2）确保 51/430 单片机核心板、PESER 接口板、PEDISP1 接口板左上角的电源开关拨至右侧（ON 位置），打开实验装置工位下方的总开关（向上拨至 ON 位置），此时 51/430 单片机核心板、PESER 接口板、PEDISP1 接口板左上角的红色电源指示灯应点亮，表示设备已正常通电。

（3）AT24C02 连线：将核心板 MCS－51 单片机的 P3.0、P3.1 分别连接到 PESER 接口板 EEPROM 单元的 SDA、SCL，如图 6.19.1 所示。

（4）液晶显示连线：将核心板 MCS－51 单片机的 P2.0、P2.1、P2.2、P2.3 分别连接到 PEDISP1 接口板 LCD 128×64 液晶显示单元的 RS（CS）、R/W（STD）、E（SCLK）、RST，并液晶模块下方的开关拨至"串行"位置，如图 6.14.1 所示。

（5）运行 Keil C51 环境，编写程序，编译成功后进入调试模式。

3. 实验现象

全速运行程序，观察 LCD 128×64 液晶模块，读出数据是否和写入数据一致。

【实验拓展】

如果单片机系统使用更高频率的晶振，应对程序做哪些修改才能正确读写 AT24C02？

实验 6.20 DS18B20 数字温度传感器实验

【实验目的】

学习单总线读写控制方法，熟悉 DS18B20 数字温度传感器的工作原理和使用方法。

【实验设备】

（1）PC 计算机   1 台
（2）51/430 单片机核心板   1 块
（3）PESER 接口板   1 块
（4）PEDISP1 接口板   1 块

【实验内容与步骤】

1．实验内容

使用单片机 I/O 口对 DS18B20 进行操作，实现温度的采集，并通过 LCD 128 × 64 液晶模块显示。实验电路如图 6.20.1 所示。

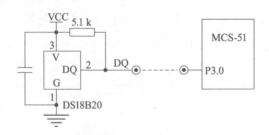

图 6.20.1 实验电路

2．实验步骤

（1）在实验装置断电状态下，将 51/430 单片机核心板、PESER 接口板、PEDISP1 接口板正确安装在底板上，并将 51/430 单片机核心板左侧的 3 档拨动开关拨至"C51 系统"位置、PESER 接口板右上角的高电平切换开关拨至左侧（5V 位置）。

（2）确保 51/430 单片机核心板、PESER 接口板、PEDISP1 接口板左上角的电源开关拨至右侧（ON 位置），打开实验装置工位下方的总开关（向上拨至 ON 位置），此时

51/430 单片机核心板、PESER 接口板、PEDISP1 接口板左上角的红色电源指示灯应点亮，表示设备已正常通电。

（3）DS18B20 连线：将核心板 MCS－51 单片机的 P3.0 连接到 PESER 接口板温度传感器单元的 DQ，如图 6.20.1 所示。

（4）液晶显示连线：将核心板 MCS－51 单片机的 P2.0、P2.1、P2.2、P2.3 分别连接到 PEDISP1 接口板 LCD 128×64 液晶显示单元的 RS（CS）、R/W（STD）、E（SCLK）、RST，并液晶模块下方的开关拨至"串行"位置，如图 6.14.1 所示。

（5）运行 Keil C51 环境，编写程序，编译成功后进入调试模式。

3. 实验现象

全速运行程序，观察 LCD 128×64 液晶模块，应显示 DS18B20 采集到的温度。

【实验拓展】

在一个单总线工作方式下（仅用 1 个 I/O 口），同时读取多个 DS18B20 实现多路温度采集？各个 DS18B20 的数据如何区分？

实验 6.21　红外通信实验

【实验目的】

了解红外通信知识，能够应用红外进行无线控制设计。

【实验设备】

（1）PC 计算机　　　　　　　　1 台
（2）51/430 单片机核心板　　　　1 块
（3）PESER 接口板　　　　　　　1 块
（4）PEDISP1 接口板　　　　　　1 块

【实验内容与步骤】

1. 实验内容

使用单片机 I/O 口接收来自红外遥控器的串行数据，对这组数据进行解码，获取来自遥控器上各按键的编码值，并通过 LCD 128×64 液晶模块显示编码和按键。实验电路如图 6.21.1 所示。

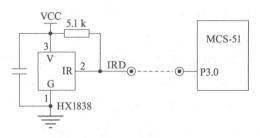

图 6.21.1　实验电路

2．实验步骤

（1）在实验装置断电状态下，将 51/430 单片机核心板、PESER 接口板、PEDISP1 接口板正确安装在底板上，并将 51/430 单片机核心板左侧的 3 档拨动开关拨至"C51 系统"位置、PESER 接口板右上角的高电平切换开关拨至左侧（5V 位置）。

（2）确保 51/430 单片机核心板、PESER 接口板、PEDISP1 接口板左上角的电源开关拨至右侧（ON 位置），打开实验装置工位下方的总开关（向上拨至 ON 位置），此时 51/430 单片机核心板、PESER 接口板、PEDISP1 接口板左上角的红色电源指示灯应点亮，表示设备已正常通电。

（3）红外接收连线：将核心板 MCS-51 单片机的 P3.0 连接到 PESER 接口板红外接收单元的 IRD，如图 6.21.1 所示。

（4）液晶显示连线：将核心板 MCS-51 单片机的 P2.0、P2.1、P2.2、P2.3 分别连接到 PEDISP1 接口板 LCD 128×64 液晶显示单元的 RS（CS）、R/W（STD）、E（SCLK）、RST，并液晶模块下方的开关拨至"串行"位置，如图 6.14.1 所示。

（5）运行 Keil C51 环境，编写程序，编译成功后进入调试模式。

3．实验现象

全速运行程序，按遥控器任一按键，观察 LCD 128×64 液晶模块，应显示遥控器编码及按键码。

【实验拓展】

编写程序，结合 DS1302 实时时钟实验，实现用遥控器重设 RTC，设计一个功能完整的电子万年历。

实验 6.22　电子琴实验

【实验目的】

（1）利用 8 位独立按键作为电子琴按键。

（2）控制无源蜂鸣器发声，了解蜂鸣器发声原理。

【实验设备】

（1）PC 计算机　　　　　　　　　　1 台
（2）51/430 单片机核心板　　　　　　1 块
（3）PESER 接口板　　　　　　　　　1 块
（4）PEIO 接口板　　　　　　　　　　1 块

【实验内容与步骤】

1. 实验内容

使用单片机 I/O 口输出 8 种音阶标称频率的方波，使无源蜂鸣器发出不同的音调。程序循环检测按键状态，当某键按下时，蜂鸣器无源蜂鸣器发出对应的音调；当松开按键时，无源蜂鸣器停止发声。实验电路如图 6.22.1 所示。

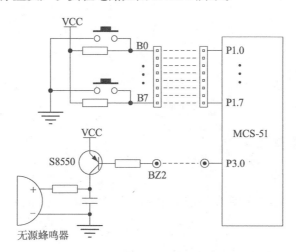

图 6.22.1　实验电路

2. 实验步骤

（1）在实验装置断电状态下，将 51/430 单片机核心板、PESER 接口板、PEIO 接口板正确安装在底板上，并将 51/430 单片机核心板左侧的 3 档拨动开关拨至 "C51 系统" 位置、PESER 和 PEIO 接口板右上角的高电平切换开关拨至左侧（5V 位置）。

（2）确保 51/430 单片机核心板、PESER 接口板、PEIO 接口板左上角的电源开关拨至右侧（ON 位置），打开实验装置工位下方的总开关（向上拨至 ON 位置），此时 51/430 单片机核心板、PESER 接口板、PEIO 接口板左上角的红色电源指示灯应点亮，表示设备已正常通电。

（3）用一 8 芯排线将核心板上 MCS–51 单片机的 P1.0 ~ P1.7 对应连接到 PEIO 接口板上的独立按键 B0 ~ B7，再用导线将 P3.0 连接到 PESER 接口板无源蜂鸣器 BZ2，如图 6.22.1 所示。

（4）运行 Keil C51 环境，编写程序，编译成功后进入调试模式。

3. 实验现象

全速运行程序，按下独立按键 B0～B7，无源蜂鸣器发出 do ra mi fa so la xi hdo。

【实验拓展】

编写程序，使无源蜂鸣器发出更高或更低频率的 do ra mi fa so la xi hdo 音阶。

实验 6.23 音乐演奏实验

【实验目的】

控制无源蜂鸣器发出不同的音阶和时间，播放一首音乐。

【实验设备】

（1）PC 计算机　　　　　　　　1 台
（2）51/430 单片机核心板　　　　1 块
（3）PESER 接口板　　　　　　　1 块

【实验内容与步骤】

1. 实验内容

使用单片机 I/O 控制无源蜂鸣器，演奏《八月桂花香》的音乐。实验电路如图 6.23.1 所示。

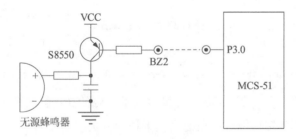

图 6.23.1 实验电路

2. 实验步骤

（1）在实验装置断电状态下，将 51/430 单片机核心板、PESER 接口板正确安装在底板上，并将 51/430 单片机核心板左侧的 3 档拨动开关拨至"C51 系统"位置、PES-ER 接口板右上角的高电平切换开关拨至左侧（5V 位置）。

（2）确保 51/430 单片机核心板、PESER 接口板左上角的电源开关拨至右侧（ON 位置），打开实验装置工位下方的总开关（向上拨至 ON 位置），此时 51/430 单片机核心板、PESER 接口板左上角的红色电源指示灯应点亮，表示设备已正常通电。

（3）用一单根导线将 P3.0 连接到 PESER 接口板无源蜂鸣器 BZ2，如图 6.23.1 所示。

（4）运行 Keil C51 环境，编写程序，编译成功后进入调试模式。

3．实验现象

全速运行程序，无源蜂鸣器演奏《八月桂花香》的音乐。

【实验拓展】

编写程序，使无源蜂鸣器演奏一首流行音乐。

实验6.24　串并转换实验

【实验目的】

熟悉并掌握串转并的 I/O 扩展方法。

【实验设备】

（1）PC 计算机　　　　　　　1 台
（2）51/430 单片机核心板　　　1 块
（3）PESER 接口板　　　　　　1 块
（4）PEIO 接口板　　　　　　　1 块

【实验内容与步骤】

1．实验内容

使用单片机 I/O 口控制 74HC164 的串行数据输入端口，实现串入并出的转换，并验证转换数据的正确性。实验电路如图 6.24.1 所示。

2．实验步骤

（1）在实验装置断电状态下，将 51/430 单片机核心板、PESER 接口板、PEIO 接口板正确安装在底板上，并将 51/430 单片机核心板左侧的 3 档拨动开关拨至"C51 系统"位置、PESER 和 PEIO 接口板右上角的高电平切换开关拨至左侧（5V 位置）。

（2）确保 51/430 单片机核心板、PESER 接口板、PEIO 接口板左上角的电源开关拨至右侧（ON 位置），打开实验装置工位下方的总开关（向上拨至 ON 位置），此时 51/430 单片机核心板、PESER 接口板、PEIO 接口板左上角的红色电源指示灯应点亮，表示设备已正常通电。

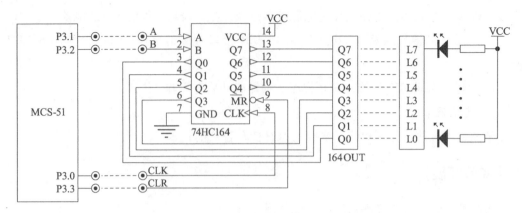

图 6.24.1   实验电路

（3）用导线核心板上 MCS－51 单片机的 P3.0、P3.1、P3.2、P3.3 分别连接到 PESER 接口板上的串转并单元的 CLK、A、B、CLR，再用 8 芯排线将串转并单元的 Q7～Q0 连接到 PEIO 接口板发光二极管单元的 L7～L0，如图 6.24.1 所示。

（4）运行 Keil C51 环境，编写程序，编译成功后进入调试模式。

3．实验现象

全速运行程序，循环将 0X55（01010101）、0XAA（10101010）两个串行数据发送到 74HC164，观察发光二极管显示，应是不断跳变的间隔亮灭。

【实验拓展】

编写程序，让 74HC164 控制发光二极管实现 8 位流水灯。

实验 6.25　并串转换实验

【实验目的】

熟悉并掌握并转串的 I/O 扩展方法。

【实验设备】

（1）PC 计算机　　　　　　　　　1 台

（2）51/430 单片机核心板　　　　1 块

（3）PESER 接口板　　　　　　　1 块

（4）PEIO 接口板　　　　　　　　1 块

【实验内容与步骤】

1．实验内容

使用单片机 P3 口控制 74HC165 将来自 8 位逻辑电平开关的并行数据转换成串行数据发送给单片机，单片机在接收到串行数据后再通过 P1 口输出到 8 个发光二极管用于验证转换数据的正确性。实验电路如图 6.25.1 所示。

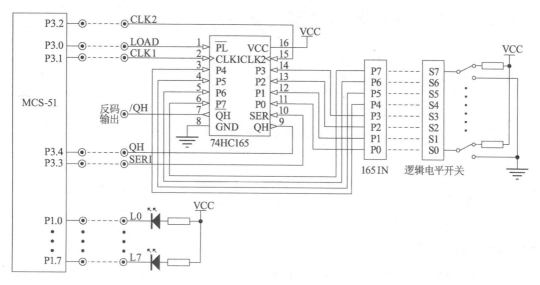

图 6.25.1　实验电路

2．实验步骤

（1）在实验装置断电状态下，将 51/430 单片机核心板、PESER 接口板、PEIO 接口板正确安装在底板上，并将 51/430 单片机核心板左侧的 3 档拨动开关拨至 "C51 系统"位置、PESER 和 PEIO 接口板右上角的高电平切换开关拨至左侧（5V 位置）。

（2）确保 51/430 单片机核心板、PESER 接口板、PEIO 接口板左上角的电源开关拨至右侧（ON 位置），打开实验装置工位下方的总开关（向上拨至 ON 位置），此时 51/430 单片机核心板、PESER 接口板、PEIO 接口板左上角的红色电源指示灯应点亮，表示设备已正常通电。

（3）用导线将核心板上 MCS-51 单片机的 P3.0、P3.1、P3.2、P3.3、P3.4 对应连接到 PESER 接口板上的并转串单元的 LOAD、CLK1、CLK2、SERI、QH，再用 8 芯排线将并转串单元的 P7～P0 连接到 PEIO 接口板逻辑电平开关单元的 S7～S0 用于并行数据的输入，最后用另一 8 芯排线将单片机 P1.7～P1.0 连接到 PEIO 接口板发光二极管单元的 L7～L0 用于显示转换结果，如图 6.25.1 所示。

（4）运行 Keil C51 环境，编写程序，编译成功后进入调试模式。

3．实验现象

全速运行程序，拨动逻辑电平开关 S7～S7 输入并行数据，观察发光二极管单元

L7 ~ L0，是否输入的并行数据一致。

【实验拓展】

编写程序，采用并串转换的方式扫描 8 位独立按键，再把键值用串并转换的方式通过 PEDISP1 接口板的静态数码管显示。

实验 6.26　继电器控制实验

【实验目的】

（1）了解继电器的工作原理和特点。

（2）掌握利用单片机 I/O 口控制继电器的方法。

【实验设备】

（1）PC 计算机　　　　　　　　1 台

（2）51/430 单片机核心板　　　　1 块

（3）PEMOT 接口板　　　　　　 1 块

（4）PEIO 接口板　　　　　　　 1 块

【实验内容与步骤】

1. 实验内容

在自动化控制设备中都存在一个电子与电气电路的互相连接问题。一方面，要使电子电路的控制信号能够控制电气电路的执行对象（电机、电磁铁、电灯等）；另一方面，又要为电子提供良好的电隔离，以保护电子电路和人身的安全，使用继电器便达到这一目的。

利用单片机 P1.0 输出高低电平来控制继电器的断开与闭合，利用发光二极管输入低电平点亮的特性，将 GND 接入继电器的公共端，而继电器的常开端、常闭端分别接入发光二极管 L1、L2，通常情况 L1 点亮、L2 熄灭，而在吸合时 L1 熄灭、L2 点亮。

实验电路如图 6.26.1 所示。

2. 实验步骤

（1）在实验装置断电状态下，将 51/430 单片机核心板、PEMOT 接口板、PEIO 接口板正确安装在底板上，并将 51/430 单片机核心板左侧的 3 档拨动开关拨至"C51 系统"位置、PEIO 接口板右上角的高电平切换开关拨至左侧（5V 位置）。

（2）确保 51/430 单片机核心板、PEMOT 接口板、PEIO 接口板左上角的电源开关拨至右侧（ON 位置），打开实验装置工位下方的总开关（向上拨至 ON 位置），此时

51/430 单片机核心板、PEMOT 接口板、PEIO 接口板左上角的红色电源指示灯应点亮，表示设备已正常通电。

（3）用导线将核心板上 MCS-51 单片机的 P1.0 连接到 PEMOT 接口板上的继电器单元的信号输出端 JIN（低电平吸合），继电器公共端 JZ 连接 GND（插孔位于核心板），继电器的常开端 JK、常闭端 JB 分别连接 PEIO 接口板发光二极管 L1、L2，如图 6.26.1 所示。

（4）运行 Keil C51 环境，编写程序，编译成功后进入调试模式。

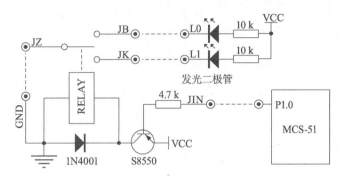

图 6.26.1　实验电路

3．实验现象

全速运行程序，继电器循环吸合、断开，同时发光二极管 L1 和 L2 轮替跳变。

【实验拓展】

请思考一下，继电器还有哪些用途，并举例说明。

实验 6.27　步进电机控制实验

【实验目的】

1．了解步进电机的工作原理。

2．掌握它的转动控制方式和调速方法。

【实验设备】

（1）PC 计算机　　　　　　　　　1 台

（2）51/430 单片机核心板　　　　　1 块

（3）PEMOT 接口板　　　　　　　1 块

（4）PEIO 接口板　　　　　　　　1 块

【实验内容与步骤】

1. 实验内容

编写程序，通过单片机 P0.0～P0.3 控制步进电机，使其按一定的控制方式进行转动。实验电路如图 6.27.1 所示。

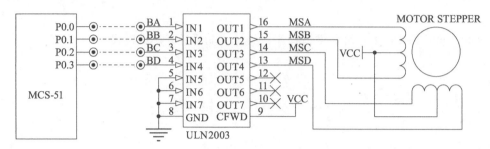

图 6.27.1　实验电路

2. 实验步骤

（1）在实验装置断电状态下，将 51/430 单片机核心板、PEMOT 接口板正确安装在底板上，并将 51/430 单片机核心板左侧的 3 档拨动开关拨至"C51 系统"位置。

（2）确保 51/430 单片机核心板、PEMOT 接口板左上角的电源开关拨至右侧（ON位置），打开实验装置工位下方的总开关（向上拨至 ON 位置），此时 51/430 单片机核心板、PEMOT 接口板左上角的红色电源指示灯应点亮，表示设备已正常通电。

（3）用导线将核心板上 MCS-51 单片机的 P0.0、P0.1、P0.2、P0.3 分别连接到 PEMOT 接口板上步进电机单元的 BA、BB、BC、BD，如图 6.27.1 所示。

（4）运行 Keil C51 环境，编写程序，编译成功后进入调试模式。

3. 实验现象

全速运行程序，步进电机顺时针转动。

【实验拓展】

编写程序，实现用按键来控制步进电机的转动方向和速度。

实验 6.28　直流电机控制实验

【实验目的】

分别用 PWM 和模拟量控制直流电机转动速度。

【实验设备】

（1）PC 计算机　　　　　　　　　1 台

（2）51/430 单片机核心板　　　　1 块

（3）PEMOT 接口板　　　　　　　1 块

（4）PESER 接口板　　　　　　　1 块

【实验内容与步骤】

1．实验内容

编写程序，通过单片机 I/O 以 PWM 方式控制直流电机；通过 D/A 转换器输出模拟电压以模拟量方式控制直流电机。实验电路如图 6.28.1～图 6.28.3 所示。

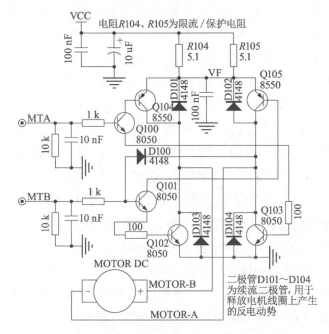

图 6.28.1　直流电机 PWM 控制电路

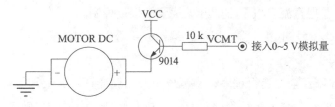

图 6.28.2　直流电机模拟量控制电路

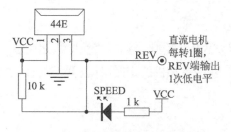

图 6.28.3　直流电机霍尔测速电路

2．实验步骤

（1）在实验装置断电状态下，将 51/430 单片机核心板、PEMOT 接口板、PESER 接口板正确安装在底板上，并将 51/430 单片机核心板左侧的 3 档拨动开关拨至"C51 系统"位置、PESER 接口板右上角的高电平切换开关拨至左侧（5V 位置）。

（2）确保 51/430 单片机核心板、PEMOT 接口板、PESER 接口板左上角的电源开关拨至右侧（ON 位置），打开实验装置工位下方的总开关（向上拨至 ON 位置），此时 51/430 单片机核心板、PEMOT 接口板、PESER 接口板左上角的红色电源指示灯应点亮，表示设备已正常通电。

（3）PWM 控制（见图 6.28.1）：当输出到 MTA 的电平为高电平时，则 Q100、Q103 导通→Q104 导通→MOTOR_B 点为 VCC（+5V），Q103 导通→MOTOR－A 点为 GND，此时直流电机会正转。由于 Q103 的集电极通过一个二极管 D100 连接到 H 桥的另一个控制端 MTB，将 MTB 控制端电压钳在 1.0V 以下，所以不管输出到 MTB 的信号是高电平还是低电平，Q101、Q102 都会截止→Q105 截止，不会造成 H 桥短路故障。当输出到 MTA 的电平为低电平时，则 Q100、Q103 截止→Q104 截止，输出到 MTB 的电平可以控制电机反转或停机。若输出到 MTB 的电平为高电平，则 Q101、Q102 导通→Q105 导通→MOTOR－A 点为 VCC（+5V），Q102 导通→MOTOR－B 点为 GND，此时直流电机会反转。当输出到 MTB 的电平为低电平时，Q101、Q102 都会截止→Q105 截止，电机停机。用导线将核心板上 MCS－51 单片机的 P0.0、P0.1 分别连接到 PEMOT 接口板上直流电机单元的 MTA、MTB，并把直流电机下方的开关拨至 PWM 控制；运行 Keil C51 环境，编写程序，编译成功后进入调试模式。

（4）模拟量控制（见图 6.28.2）：用将核心板 MCS－51 单片机的 P3.0、P3.1、P3.2、P3.3 分别连接到 PESER 接口板串行 D/A 单元的 CS、SCLK、DIN、FS，再将串行 D/A 的输出 VOUT 连接 PEMOT 接口板直流电机单元的 VCMT（D/A 转换器的电路请参考图 6.16.1，并把直流电机下方的开关拨至模拟量控制。

（5）运行 Keil C51 环境，编写程序，编译成功后进入调试模式。

3．实验现象

（1）PWM 控制：全速运行程序，直流电机开始循环正转、反转。

（2）模拟量控制：全速运行程序，直流电机开始循环由慢到快转动。

【实验拓展】

（1）编写程序，改变 PWM 占空比，调节直流电机速度。

（2）参考图 6.28.3，利用单片机的定时/计数器，测直流电机的转速。

第 7 章

MSP430 系列单片机实验

实验 7.1　系统认识实验

【实验目的】

（1）学习 CCS 软件的基本操作，熟悉用 C 语言编写单片机程序的步骤。

（2）学习单片机 I/O 口的操作、延时函数的编写以及 MSPFET 下载工具的使用。

【实验设备】

（1）PC 计算机　　　　　　　1 台

（2）51/430 单片机核心板　　1 块

（3）PEIO 接口板　　　　　　1 块

【实验内容与步骤】

编写程序，控制 1 个发光二极管循环点亮与熄灭。

1. 实验原理

将 1 位 I/O 口连接到 1 个发光二极管，循环取反该 I/O 口的电平状态，实现发光二极管的循环闪烁。

2. 实验步骤

（1）用 CCS 创建工程并编译生成可下载的文件

运行 CCS 集成开发环境，软件启动后默认弹出工作文件夹的设置（见图 7.1.1），选择或输入一个路径用来存放 MSP430 的工程文件后单击"OK"。

图 7.1.1 选择工作文件夹

要为单片机系统开发一个新程序，必须先新建一个工程。

运行 CCS 集成开发环境，单击主菜单"Project"→"New CCS Project"建立新工程，如图 7.1.2 所示。

在弹出的"New CCS Project"对话框中（见图7.1.3）输入工程名。本实验以 Ex01_LED 作为工程名，再选择器件系列"MSP430"、器件型号"MSP430F149"，并在工程模板中选用"Empty Project（with main.c）"，即含有 main.c 的工程，以便编写程序。

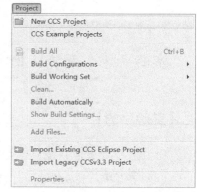

图 7.1.2 CCS 的 Project 菜单

图 7.1.3 新建工程对话框

在完成新建工程的设置后，单击"Finish"，CCS 打开工程中的 main.c 主程序文件，该文件已带了模板，可直接套用，如图 7.1.4 所示。

图 7.1.4　工程创建后的主界面

在 main. c 窗口中输入需要运行的程序，如图 7.1.5 所示。

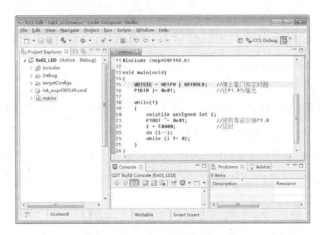

图 7.1.5　输入需要运行的程序

程序输入完毕后，单击主菜单"Project"→"Properties"打开"工程属性"对话框，并完成如图 7.1.6 所示设置。

图 7.1.6　工程属性设置

单击工具栏 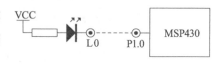 按钮开始编译，将在 Console 窗口显示编译信息，当 Console 窗口显示"＊＊＊＊ Build Finished ＊＊＊＊"时表示工程已编译完成（若有警告或错误将在 Problems 窗口列出），现在可以下载程序了。

（2）设备通电

在实验装置断电状态下，将 51/430 单片机核心板、PEIO 接口板正确安装在底板上，并将 51/430 单片机核心板左侧的 3 档拨动开关拨至"430 下载"位置、PEIO 接口板右上角的高电平切换开关拨至右侧（3.3V 位置）。

确保 51/430 单片机核心板、PEIO 接口板左上角的电源开关拨至右侧（ON 位置），打开实验装置工位下方的总开关（向上拨至 ON 位置），此时 51/430 单片机核心板、PEIO 接口板左上角的红色电源指示灯应点亮，表示设备已正常通电。

（3）电路连接

用一根导线将核心板上 MSP430 单片机的 P1.0 连接到 PEIO 接口板上的发光二极管 L0，如图 7.1.7 所示，图中虚线为需要连接的线。

用 MSPFET 将编译生成的文件下载到单片机。

图 7.1.7　实验电路

运行 MSPFET 软件（见图 7.1.8），选择单片机型号"MSP430F149"，再单击主菜单"File"→"Open…"（或单击工具栏 Open 快捷按钮）打开需要下载的文件，该文件位于工程的 Debug 文件夹，后缀是 .txt。如工程所在路径是 C：\ MSP430_Examples \ Ex01_LED，那么需要下载的文件就在 C：\ MSP430_Examples \ Ex01_LED \ Debug 文件夹下的 Ex01_LED.txt。

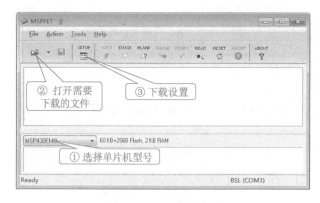

图 7.1.8　MSPFET 软件

文件打开后，单击工具栏"SETUP"按钮，打开"下载设置"对话框，如图 7.1.9 所示的设置，Port 是串口号，本例所连的是 COM3（视系统而定）。

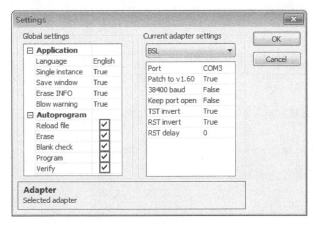

图 7.1.9　MSPFET 下载设置

完成设置后，单击工具栏的"AUTO"按钮即可下载，下载完成后 MSPFET 底部的信息窗口如图 7.1.10 所示。

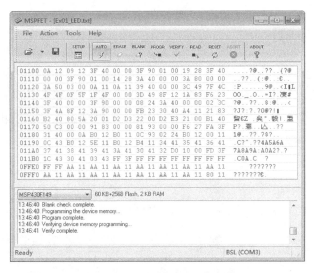

图 7.1.10　MSPFET 下载设置

关于 MSPFET 下载时占用 P1.1、P2.2 的说明：

① 若所连的电路中使用了 P1.1 或 P2.2，请先不要连接，在下载完成后将 51/430 单片机核心板左侧的 3 档拨动开关拨至"430 运行"位置释放 P1.1、P2.2 后再连接，并手动按 MSP430 的复位按钮重新运行程序。

② 若所连的电路中未使用 P1.1 或 P2.2 时，下载完成后可自动运行，不需要将 51/430 单片机核心板左侧的 3 档拨动开关拨至"430 运行"位置。

观察发光二极管 L0，应循环闪烁。

【实验拓展】

编写程序并重新连接电路，用 2 个 I/O 口控制 2 个发光二极管循环交替闪烁（为避免下载程序时的信号切换，请尽量不用 P1.1 和 P2.2 端口）。

实验 7.2　流水灯实验

【实验目的】

（1）学习 I/O 口输出的方法。

（2）掌握延时函数的编写。

【实验设备】

（1）PC 计算机　　　　　　　　1 台

（2）51/430 单片机核心板　　　　1 块

（3）PEIO 接口板　　　　　　　1 块

【实验内容与步骤】

1. 实验内容

编写程序，实现 8 位发光二极管循环左右移位。将 P3 口 8 位 I/O 连接到 8 个发光二极管，每次使 1 位 I/O 清零，其余 7 位 I/O 置 1，循环由低到高、由高到低清零其中的 1 位 I/O 口，实现流水灯效果。实验电路如图 7.2.1 所示。

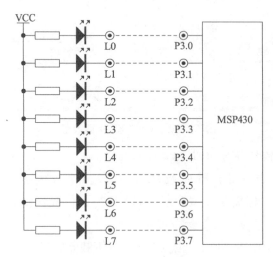

图 7.2.1　实验电路

2. 实验步骤

（1）在实验装置断电状态下，将 51/430 单片机核心板、PEIO 接口板正确安装在底板上，并将 51/430 单片机核心板左侧的 3 档拨动开关拨至"430 下载"位置、PEIO 接口板右上角的高电平切换开关拨至右侧（3.3V 位置）。

（2）确保 51/430 单片机核心板、PEIO 接口板左上角的电源开关拨至右侧（ON 位置），打开实验装置工位下方的总开关（向上拨至 ON 位置），此时 51/430 单片机核心板、PEIO 接口板左上角的红色电源指示灯应点亮，表示设备已正常通电。

（3）用一根 8 芯排线（或 8 根单根导线）将核心板上 MSP430 单片机的 P3.0 ~ P3.7 对应连接到 PEIO 接口板上的发光二极管 L0 ~ L7，电路如图 7.2.1 所示，图中虚线为需要连接的线。

（4）运行 CCS 环境编写程序并编译生成代码，并将代码使用 MSPFET 软件下载到单片机。

3．实验现象

全速运行程序，8 个发光二极管应循环左右移位点亮。

【实验拓展】

在本例程的基础上增加 P4 口的使用，P4.0 ~ P4.7 控制发光二极管 L8 ~ L15，为发光二极管 L0 ~ L15 实现 16 位流水灯效果。

实验 7.3　独立按键与静态数码管应用实验

【实验目的】

学习 I/O 口输入输出的方法。

【实验设备】

（1）PC 计算机　　　　　　　1 台
（2）51/430 单片机核心板　　1 块
（3）PEIO 接口板　　　　　　1 块
（4）PEDISP1 接口板　　　　 1 块

【实验内容与步骤】

1．实验内容

编写程序，实现用 8 个独立按键控制静态数码管显示键值，构成一个最简单的键盘与显示电路。将 P3 口 8 位 I/O 连接到 8 个独立按键，循环读出 P3 口数据，根据按下的键写入 P4 口控制静态数码管的显示。实验电路如图 7.3.1 所示。

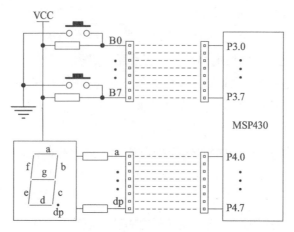

图 7.3.1　实验电路

2. 实验步骤

（1）在实验装置断电状态下，将 51/430 单片机核心板、PEIO 接口板、PEDISP1 接口板正确安装在底板上，并将 51/430 单片机核心板左侧的 3 档拨动开关拨至"430 下载"位置、PEIO 接口板右上角的高电平切换开关拨至右侧（3.3V 位置）。

（2）确保 51/430 单片机核心板、PEIO 接口板、PEDISP1 接口板左上角的电源开关拨至右侧（ON 位置），打开实验装置工位下方的总开关（向上拨至 ON 位置），此时51/430 单片机核心板、PEIO 接口板、PEDISP1 接口板左上角的红色电源指示灯应点亮，表示设备已正常通电。

（3）用一 8 芯排线将核心板上 MCS430 单片机的 P3.0～P3.7 对应连接到 PEIO 接口板上的独立按键 B0～B7，再用另一 8 芯排线将核心板上 MSP430 单片机的 P4.0～P4.7对应连接到 PEDISP1 接口板上的静态数码管 A、B、C、D、E、F、G、DP，电路如图7.3.1 所示，图中虚线为需要连接的线。

（4）运行 CCS 环境编写程序并编译生成代码，并将代码使用 MSPFET 软件下载到单片机。

3. 实验现象

全速运行程序，按动 B0～B7，观察静态数码管，应能显示键值。

【实验拓展】

修改程序，在用独立按键 B0～B7 使静态数码管显示键值的同时，控制发光二极管L0～L7 显示键值的二进制格式。

实验 7.4　定时／计数器实验

【实验目的】

（1）学习定时/计数器的工作方式。

（2）掌握程序设计方法。

【实验设备】

（1）PC 计算机　　　　　　　　　　1 台

（2）51/430 单片机核心板　　　　　1 块

（3）PEDISP1 接口板　　　　　　　1 块

【实验内容与步骤】

1. 实验内容

使用 TimerA 定时器完成一个 10 秒倒计时的设置，并将计时通过静态数码管显示，倒计时结束时静态数码管闪烁显示 "0"。实验电路如图 7.4.1 所示。

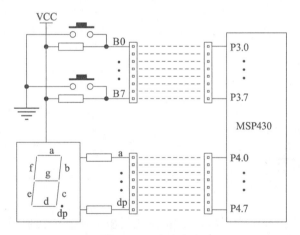

图 7.4.1　实验电路

2. 实验步骤

（1）在实验装置断电状态下，将 51/430 单片机核心板、PEDISP1 接口板正确安装在底板上，并将 51/430 单片机核心板左侧的 3 档拨动开关拨至 "430 下载" 位置。

（2）确保 51/430 单片机核心板、PEDISP1 接口板板左上角的电源开关拨至右侧（ON 位置），打开实验装置工位下方的总开关（向上拨至 ON 位置），此时 51/430 单片机核心板、PEDISP1 接口板左上角的红色电源指示灯应点亮，表示设备已正常通电。

（3）用另一 8 芯排线将核心板上 MSP430 单片机的 P4.0 ~ P4.7 对应连接到 PE-

DISP1 接口板上的静态数码管 A、B、C、D、E、F、G、DP，电路如图 7.4.1 所示，图中虚线为需要连接的线。

（4）运行 CCS 环境编写程序并编译生成代码，并将代码使用 MSPFET 软件下载到单片机。

3. 实验现象

运行程序，静态数码管显示 10 秒倒计时。

【实验拓展】

编写程序，使用定时/计数器设计一个秒计时器，并通过静态数码管从 0～9 循环显示。

实验 7.5　中断控制器实验

【实验目的】

（1）学习中断控制技术的基本原理。

（2）掌握中断程序的设计方法。

【实验设备】

（1）PC 计算机　　　　　　　　1 台

（2）51/430 单片机核心板　　　　1 块

（3）PEIO 接口板　　　　　　　1 块

（4）PEDISP1 接口板　　　　　　1 块

【实验内容与步骤】

1. 实验内容

将 4 独立按键作为外部中断输入，并在中断服务函数中控制静态数码管显示中断号。实验电路如图 7.5.1 所示。

2. 实验步骤

（1）在实验装置断电状态下，将 51/430 单片机核心板、PEIO 接口板、PEDISP1 接口板正确安装在底板上，并将 51/430 单片机核心板左侧的 3 档拨动开关拨至"430 下载"位置、PEIO 接口板右上角的高电平切换开关拨至右侧（3.3V 位置）。

（2）确保 51/430 单片机核心板、PEIO 接口板、PE86 接口板左上角的电源开关拨至右侧（ON 位置），打开实验装置工位下方的总开关（向上拨至 ON 位置），此时 51/430 单片机核心板、PEIO 接口板、PE86B 接口板左上角的红色电源指示灯应点亮，表示设备已正常通电。

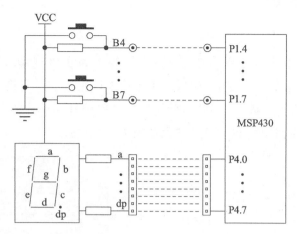

图 7.5.1　实验电路

（3）用导线将核心板上 MSP430 单片机的 P1.4~P1.7 分别连接到 PEIO 接口板上的独立按键 B4~B7，再用一 8 芯排线将核心板上 MSP430 单片机的 P4.0~P4.7 对应连接到 PEDISP1 接口板上的静态数码管 A、B、C、D、E、F、G、DP，电路如图 7.5.1 所示，图中虚线为需要连接的线。

（4）运行 CCS 环境编写程序并编译生成代码，并将代码使用 MSPFET 软件下载到单片机。

3. 实验现象

运行程序，按 B4~B7 按键触发中断服务函数，在静态数码管显示键值。

【实验拓展】

编写程序，在主程序运行发光二极管流水灯，在中断服务函数中将当前位的发光二极管闪烁 10 次后回到主程序继续运行。

实验 7.6　RS232 串行通信实验

【实验目的】

（1）学习串行口的工作方式。

（2）掌握中断方式的单片机串行通信程序编制方法。

【实验设备】

（1）PC 计算机　　　　　　　　　1 台

（2）51/430 单片机核心板　　　　1 块

【实验内容与步骤】

1. 实验内容

使用 P3.4、P3.5 串口与 PC 进行数据通信（因大部分 PC 默认不配置 RS232，所以采用 CH341 芯片通过 USB 口在 PC 生成一个虚拟串口用于进行实验），单片机向 PC 发送初始化字符串后等待接收，在 PC 端使用串口助手软件向单片机发送一 ASCII 字符，单片机接收到字符再回发给 PC。实验电路如图 7.6.1 所示。

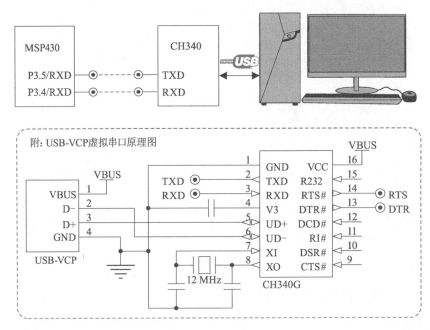

图 7.6.1　实验电路

2. 实验步骤

（1）在实验装置断电状态下，将 51/430 单片机核心板正确安装在底板上，并将 51/430 单片机核心板左侧的 3 档拨动开关拨至"430 下载"位置。

（2）确保 51/430 单片机核心板左上角的电源开关拨至右侧（ON 位置），打开实验装置工位下方的总开关（向上拨至 ON 位置），此时 51/430 单片机核心板左上角的红色电源指示灯应点亮，表示设备已正常通电。

（3）用导线将核心板 MSP430 单片机的 P3.5、P3.4 分别连接到右上角 VCP（RS232）单元的 TXD、RXD，再用 USB 电缆连接 VCP（RS232）单元的接口与 PC 的 USB 接口（见图 7.6.1）。首次使用需安装 CH340 驱动程序，如图 7.6.2 所示。

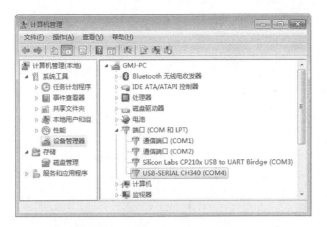

图 7.6.2　实验用的 CH340 虚拟串口

（4）运行串口调试助手软件（本例使用 AccessPort，也可以使用自己习惯的软件），设置串口号（以 CH340 驱动产生的实际串口号为准，本例中为 COM4）、波特率（本例使用 9600）、8 个数据位、1 个停止位、无奇偶校验（见图 7.6.3），并在设置完成后打开 PC 串口。

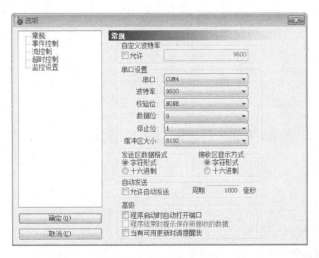

图 7.6.3　设置串口

（5）运行 CCS 环境编写程序并编译生成代码，并将代码使用 MSPFET 软件下载到单片机。

3. 实验现象

运行程序，串口助手软件接收到初始字符串，此时在串口助手软件发送框内输入一个字符并单击"发送数据"，单片机收到数据后再回发给 PC，显示在串口助手软件的接收框内，如图 7.6.4 所示。

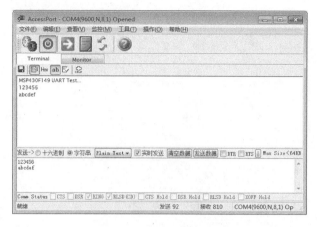

图 7.6.4　串口发送与接收

关于 AccessPort 软件串行发送说明：在未勾选"实时发送"时，需单击"发送数据"按钮发送输入的数据；在已勾选"实时发送"时，无须单击"发送数据"按钮，直接在发送框输入即发送。

实验 7.7　RS485 串行通信实验

【实验目的】

（1）学习 RS485 差分串行接口的使用。

（2）掌握查询方式的单片机串行通信程序编制方法。

【实验设备】

（1）PC 计算机　　　　　　　1 台

（2）51/430 单片机核心板　　 1 块

（3）PEIO 接口板　　　　　　 1 块

【实验内容与步骤】

1. 实验内容

使用 P3.4、P3.5 串口通过 RS485 实现双机通信，发送端读入逻辑电平开关数据，接收端将串口数据利用发光二极管显示。实验电路如图 7.7.1 所示。

2. 实验步骤

（1）在实验装置断电状态下，将 51/430 单片机核心板、PEIO 接口板正确安装在底板上，并将 51/430 单片机核心板左侧的 3 档拨动开关拨至"430 下载"位置、PEIO 接口板右上角的高电平切换开关拨至右侧（3.3V 位置）。

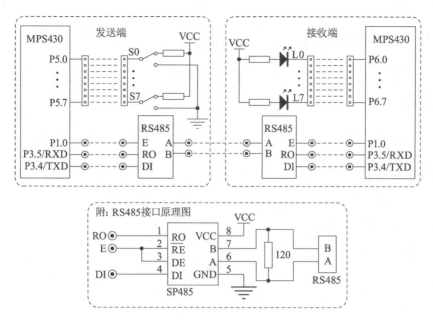

图 7.7.1 实验电路

（2）确保 51/430 单片机核心板、PEIO 接口板左上角的电源开关拨至右侧（ON 位置），打开实验装置工位下方的总开关（向上拨至 ON 位置），此时 51/430 单片机核心板、PEIO 接口板左上角的红色电源指示灯应点亮，表示设备已正常通电。

（3）用导线将核心板 MSP430 单片机的 P3.5、P3.4、P1.0 分别连接到右侧 RS485 单元的 RO、DI、E（发送端和接收端均按此连接），再把发送端和接收端的 RS485 的 A、B 接口对应连接；发送端单片机的 P5.0 ～ P5.7 分别连接逻辑电平开关 S0 ～ S7，接收端单片机的 P6.0 ～ P6.7 分别连接连接发光二极管 L0 ～ L7，如图 7.7.1 所示。

（4）运行 CCS 环境分别编写发送端、接收端的程序，并编译生成代码，并将代码使用 MSPFET 软件分别下载到两个单片机中。

3. 实验现象

运行发送端、接收端的程序，在发送端拨动逻辑电平开关 S0 ～ S7（发送），接收端的发光二极管 L0 ～ L7 对应显示（接收）。

【实验拓展】

在双机分别编写程序，在发送（或接收）完成后改变 RS485 的传输方向，实现数据的相互收发。

实验 7.8　矩阵键盘与动态数码管应用实验

【实验目的】

进一步学习 I/O 口输入输出的应用、矩阵键盘和动态数码管的扫描方法。

【实验设备】

（1）PC 计算机	1 台
（2）51/430 单片机核心板	1 块
（3）PEIO 接口板	1 块

【实验内容与步骤】

1. 实验内容

使用 I/O 口通过扫描键盘与数码管实现按键输入和七段码输出，按下某一键后，显示相应的键码。实验电路如图 7.8.1 所示。

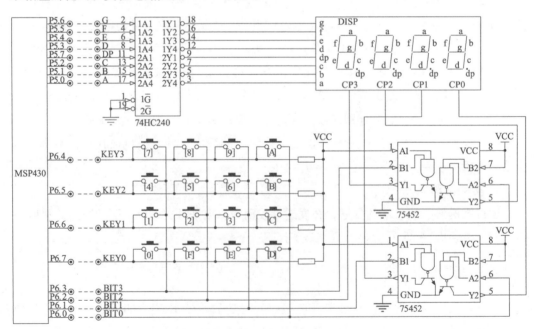

图 7.8.1　实验电路

2. 实验步骤

（1）在实验装置断电状态下，将 51/430 单片机核心板、PEIO 接口板正确安装在底板上，并将 51/430 单片机核心板左侧的 3 档拨动开关拨至"430 下载"位置、PEIO 接口板右上角的高电平切换开关拨至右侧（3.3V 位置）。

（2）确保 51/430 单片机核心板、PEIO 接口板左上角的电源开关拨至右侧（ON 位置），打开实验装置工位下方的总开关（向上拨至 ON 位置），此时 51/430 单片机核心板、PEIO 接口板左上角的红色电源指示灯应点亮，表示设备已正常通电。

（3）用导线将核心板 MSP430 单片机的 P5.0 ~ P5.7 分别连接到 PEIO 接口板动态显示的各段（a b c d e f g dp），P6.0 ~ P6.3 分别连接到 PEIO 接口板矩阵键盘和动态显示共用的位选择线 BIT0 ~ BIT3，P6.4 ~ P6.5 分别连接到 PEIO 接口板矩阵键盘读入信号 KEY0 ~ KEY3，如图 7.8.1 所示。

（4）运行 CCS 环境编写程序并编译生成代码，并将代码使用 MSPFET 软件下载到单片机。

3. 实验现象

全速运行程序，程序初始化时在数码管左起第 1 位显示"P."，按下键盘的某个键，在数码管上显示相应键值。

【实验拓展】

编写程序，在按下按键显示键值的同时，再通过 P4 口控制发光二极管，使发光二极管 L7 ~ L0 以二进制方式显示键值。

实验 7.9　LED 16×16 点阵显示实验

【实验目的】

（1）学习利用 74HC595 串入并出移位器扫描点阵显示。
（2）掌握接口技术和程序设计方法。

【实验设备】

（1）PC 计算机　　　　　　　　　1 台
（2）51/430 单片机核心板　　　　　1 块
（3）PEDISP2 接口板　　　　　　　1 块

【实验内容与步骤】

1. 实验内容

编写程序，在 LED 16×16 点阵模块上显示汉字或图形。实验电路如图 7.9.1 所示。

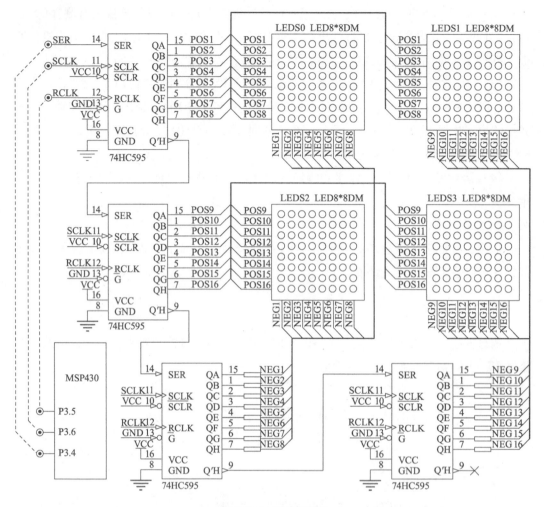

图 7.9.1　实验电路

2. 实验步骤

（1）在实验装置断电状态下，将 51/430 单片机核心板、PEDISP2 接口板正确安装在底板上，并将 51/430 单片机核心板左侧的 3 档拨动开关拨至"430 下载"位置。

（2）确保 51/430 单片机核心板、PEDISP2 接口板左上角的电源开关拨至右侧（ON 位置），打开实验装置工位下方的总开关（向上拨至 ON 位置），此时 51/430 单片机核心板、PEDISP2 接口板左上角的红色电源指示灯应点亮，表示设备已正常通电。

（3）将核心板 MSP430 单片机的 P1.5、P1.6、P1.7 分别连接到 PEDISP2 接口板 LED 16×16 点阵显示单元的 SER、SCLK、RCLK，如图 7.9.1 所示。

（4）运行 CCS 环境编写程序并编译生成代码，并将代码使用 MSPFET 软件下载到单片机。

3. 实验现象

全速运行程序，观察 LED 16×16 点阵显示，应能循环显示汉字或图形。

【实验拓展】

编写程序，使 LED 16×16 点阵模块显示自己的名字。汉字取模方法如下：

（1）打开字模提取软件，在下方的"文字输入区"输入想要取模的汉字并按 Ctrl + Enter 组合键，如图 7.9.2 所示。

图 7.9.2　输入需要取模的汉字

（2）打开界面左侧"参数设置"下的"其他选项"，设置取模方式为"纵向取模"，勾选"字节倒序"，并保留文字字模数据的最后一个逗号（便于将多个汉字放入同一个数组），如图 7.9.3 所示。

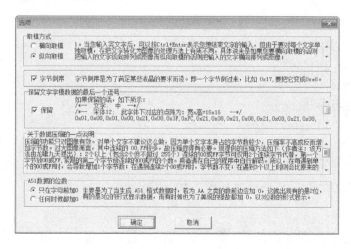

图 7.9.3　取模选项

（3）在完成输入汉字、设置取模选项后，打开界面左侧"取模方式"，这里有多种生成格式，常用的有 C51 格式（C 语言）和 A51 格式（汇编语言），单击"C51 格式"，即在界面下方的"点阵生成区"生成 C 语言数组可用的数据，将其复制粘贴到源程序即可，如图 7.9.4 所示。

图 7.9.4　完成取模

实验 7.10　LCD 128×64 图形液晶显示实验

【实验目的】

（1）掌握图形液晶模块的控制方法。

（2）学习液晶驱动程序及高级接口函数的编写。

【实验设备】

（1）PC 计算机　　　　　　　　　1 台

（2）51/430 单片机核心板　　　　1 块

（3）PEDISP1 接口板　　　　　　1 块

【实验内容与步骤】

1. 实验内容

控制字符型液晶模块，分别用并行方式和串行方式驱动液晶模块，在 LCD 128×64 屏幕上显示图像和字符。实验电路如图 7.10.1 所示。

2. 实验步骤

（1）在实验装置断电状态下，将 51/430 单片机核心板、PEDISP1 接口板正确安装在底板上，并将 51/430 单片机核心板左侧的 3 档拨动开关拨至"430 下载"位置。

（2）确保 51/430 单片机核心板、PEDISP1 接口板左上角的电源开关拨至右侧（ON 位置），打开实验装置工位下方的总开关（向上拨至 ON 位置），此时 51/430 单片机核心板、PEDISP1 接口板左上角的红色电源指示灯应点亮，表示设备已正常通电。

（3）将核心板 MSP430 单片机的 P1.4、P1.5、P1.6、P1.7 分别连接到 PEDISP1 接

口板 LCD 128×64 液晶显示单元的 RS、R/W、E、RESET，将液晶模块下方的开关拨至"串行"位置，如图 7.10.1 所示。

（4）运行 CCS 环境编写程序并编译生成代码，并将代码使用 MSPFET 软件下载到单片机。

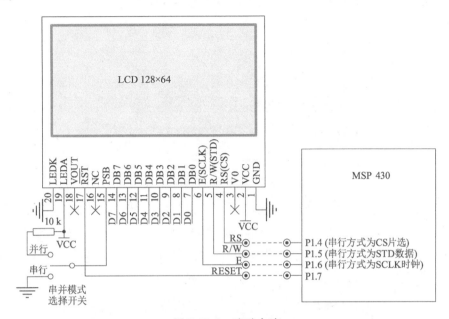

图 7.10.1　实验电路

3. 实验现象

全速运行程序，观察 LCD 128×64 液晶模块，应能显示汉字或图形。

【实验拓展】

编写程序，使 LCD 128×64 液晶模块显示单色 BMP 图像。位图取模方法如下：

（1）打开字模提取软件，单击左侧的"打开图像图标"按钮，选择需要取模的图形文件（大小为 128×64 的单色 BMP），如图 7.10.2 所示。

图 7.10.2　打开需要取模的图像

（2）打开界面左侧"参数设置"下的"其他选项"，设置取模方式为"横向取模"，不勾选"字节倒序"，如图7.10.3所示。

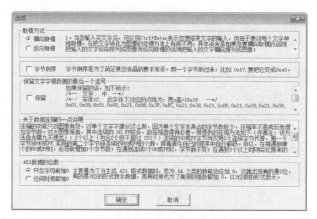

图7.10.3　取模选项

（3）在完成打开图像、设置取模选项后，打开界面左侧"取模方式"，这里有多种生成格式，常用的有C51格式（C语言）和A51格式（汇编语言），单击"C51格式"，即在界面下方的"点阵生成区"生成C语言数组可用的数据，将其复制粘贴到源程序即可，如图7.10.4所示。

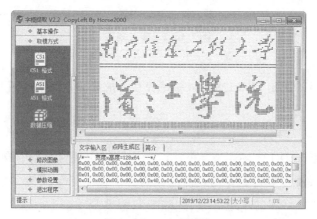

图7.10.4　完成取模

该液晶模块支持并行和串行控制方式，串行方式最大的优点就是节省I/O，这对资源有限的单片机系统来说非常重要。后面的几个实验中将使用串行方式驱动液晶模块来显示实验数据。

实验7.11　单片机内部A/D转换器实验

【实验目的】

（1）学习MSP430内部的A/D转换器的使用。

（2）掌握 A/D 转换的程序设计方法。

【实验设备】

（1）PC 计算机　　　　　　　　1 台

（2）51/430 单片机核心板　　　　1 块

（3）PESER 接口板　　　　　　　1 块

（4）PEDISP1 接口板　　　　　　1 块

【实验内容与步骤】

初始化并读取转换值再计算电压值，将结果通过 LCD 128×64 液晶模块显示，以完成一个简易电压表的设计。实验电路如图 7.11.1 所示。

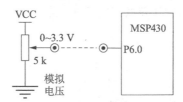

图 7.11.1　实验电路

1. 实验步骤

（1）在实验装置断电状态下，将 51/430 单片机核心板、PESER 接口板、PEDISP1 接口板正确安装在底板上，并将 51/430 单片机核心板左侧的 3 档拨动开关拨至"430 下载"位置、PESER 接口板右上角的高电平切换开关拨至右侧（3.3V 位置）。

（2）确保 51/430 单片机核心板、PESER 接口板、PEDISP1 接口板左上角的电源开关拨至右侧（ON 位置），打开实验装置工位下方的总开关（向上拨至 ON 位置），此时 51/430 单片机核心板、PESER 接口板、PEDISP1 接口板左上角的红色电源指示灯应点亮，表示设备已正常通电。

（3）A/D 转换连线：将核心板 MSP430 单片机的 P6.0 连接到 PESER 接口板串行 0～3.3V 模拟电压，如图 7.11.1 所示。

（4）液晶显示连线：将核心板 MSP430 单片机的 P1.4、P1.5、P1.6、P1.7 分别连接到 PEDISP1 接口板 LCD 128×64 液晶显示单元的 RS、R/W、E、RESET，将液晶模块下方的开关拨至"串行"位置，如图 7.10.1 所示。

（5）运行 CCS 环境编写程序并编译生成代码，并将代码使用 MSPFET 软件下载到单片机。

2. 实验现象

全速运行程序，调节 0～3.3V 模拟电压，观察 LCD 128×64 液晶模块显示的结果，因为 MSP430 内部的 A/D 参考电压为 2.5V，所以输入电压大于 2.5V 均视为 2.5V，输入电压不得超过 3.3V。

【实验拓展】

编写程序，将 A/D 的转换值绘制成波形并通过 LCD 128×64 液晶模块显示，设计一个简易的虚拟示波器。

实验 7.12　TLC549C 串行 A/D 转换实验

【实验目的】

（1）学习 SPI 总线通信编程方法。

（2）掌握 TLC549C 串行 A/D 转换器的应用编程。

【实验设备】

（1）PC 计算机　　　　　　　　1 台

（2）51/430 单片机核心板　　　　1 块

（3）PESER 接口板　　　　　　　1 块

（4）PEDISP1 接口板　　　　　　1 块

【实验内容与步骤】

1. 实验内容

使用单片机 I/O 口模拟 SPI 总线，配置 A/D 转换芯片，读取转换值并计算电压值，将结果通过 LCD 128×64 液晶模块显示，以完成一个简易电压表的设计。实验电路如图 7.12.1 所示。

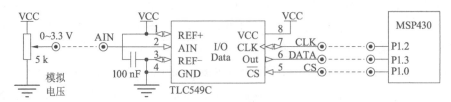

图 7.12.1　实验电路

2. 实验步骤

（1）在实验装置断电状态下，将 51/430 单片机核心板、PESER 接口板、PEDISP1 接口板正确安装在底板上，并将 51/430 单片机核心板左侧的 3 档拨动开关拨至“430 下载”位置、PESER 接口板右上角的高电平切换开关拨至右侧（3.3V 位置）。

（2）确保 51/430 单片机核心板、PESER 接口板、PEDISP1 接口板左上角的电源开关拨至右侧（ON 位置），打开实验装置工位下方的总开关（向上拨至 ON 位置），此时 51/430 单片机核心板、PESER 接口板、PEDISP1 接口板左上角的红色电源指示灯应点亮，表示设备已正常通电。

（3）A/D 转换连线：将核心板 MSP430 单片机的 P1.0、P1.2、P1.3 分别连接到 PESER 接口板串行 A/D 单元的 CS、CLK、DATA，并将 PESER 接口板串行 A/D 单元的 AIN 接入 PESER 接口板 0～3.3V 模拟电压，如图 7.12.1 所示。

（4）液晶显示连线：将核心板 MSP430 单片机的 P1.4、P1.5、P1.6、P1.7 分别连接到 PEDISP1 接口板 LCD128×64 液晶显示单元的 RS、R/W、E、RESET，将液晶模块下方的开关拨至"串行"位置，如图 7.10.1 所示。

（5）运行 CCS 环境编写程序并编译生成代码，并将代码使用 MSPFET 软件下载到单片机。

2. 实验现象

全速运行程序，调节 0～3.3V 模拟电压，观察 LCD128×64 液晶模块显示的结果。

【实验拓展】

编写程序，将 A/D 的转换值绘制成波形并通过 LCD128×64 液晶模块显示，设计一个简易的虚拟示波器。

实验 7.13　TLV5616C 串行 D/A 转换实验

【实验目的】

（1）学习 SPI 总线通信编程方法。

（2）掌握 TLV5616C 串行 D/A 转换器的应用编程。

【实验设备】

（1）PC 计算机　　　　　　　　1 台

（2）51/430 单片机核心板　　　　1 块

（3）PESER 接口板　　　　　　　1 块

（4）PEIO 接口板　　　　　　　　1 块

【实验内容与步骤】

1. 实验内容

使用单片机 I/O 口模拟 SPI 总线，配置 D/A 转换芯片输出不同电压控制 LED 由亮渐暗、由暗渐亮，实现呼吸灯效果。实验电路如图 7.13.1 所示。

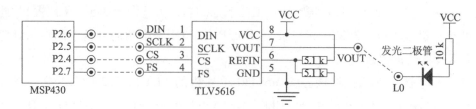

图 7. 13. 1　实验电路

2. 实验步骤

（1）在实验装置断电状态下，将 51/430 单片机核心板、PESER 接口板、PEIO 接口板正确安装在底板上，并将 51/430 单片机核心板左侧的 3 档拨动开关拨至 "430 下载"位置、PESER 和 PEIO 接口板右上角的高电平切换开关拨至右侧（3.3V 位置）。

（2）确保 51/430 单片机核心板、PESER 接口板、PEIO 接口板左上角的电源开关拨至右侧（ON 位置），打开实验装置工位下方的总开关（向上拨至 ON 位置），此时 51/430 单片机核心板、PESER 接口板、PEIO 接口板左上角的红色电源指示灯应点亮，表示设备已正常通电。

（3）实验连线：将核心板 MSP430 单片机的 P2.4、P2.5、P2.6、P2.7 分别连接到 PESER 接口板串行 D/A 单元的 CS、SCLK、DIN、FS，再将串行 D/A 的输出 VOUT 连接 PEIO 接口板发光二极管 L0，如图 7. 13. 1 所示。

（4）运行 CCS 环境编写程序并编译生成代码，并将代码使用 MSPFET 软件下载到单片机。

2. 实验现象

全速运行程序，观察发光二极管 L0，应呈由暗到亮、由亮到暗的呼吸灯效果。

【实验拓展】

D/A 转换器输出的模拟电压，除了控制 LED，还能控制哪些对象？

实验 7.14　DS1302 实时时钟实验

【实验目的】

（1）学习 SPI 总线通信编程方法。

（2）掌握 DS1302 实时时钟（RTC）芯片的应用编程。

【实验设备】

（1）PC 计算机　　　　　　　　　　1 台

（2）51/430 单片机核心板　　　　　1 块

（3）PESER 接口板　　　　　　　1 块

（4）PEDISP1 接口板　　　　　　　1 块

【实验内容与步骤】

1. 实验内容

使用单片机 I/O 口模拟 SPI 总线，配置 DS1302 芯片，设置 RTC 并循环读取，并将 RTC 信息（年、月、日、星期、时、分、秒）通过 LCD 128 ×64 液晶模块显示，以完成一个简易电子万年历的设计。实验电路如图 7.14.1 所示。

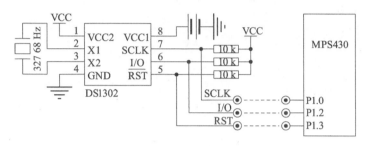

图 7.14.3　实验电路

2. 实验步骤

（1）在实验装置断电状态下，将 51/430 单片机核心板、PESER 接口板、PEDISP1 接口板正确安装在底板上，并将 51/430 单片机核心板左侧的 3 档拨动开关拨至 "430 下载" 位置、PESER 接口板右上角的高电平切换开关拨至右侧（3.3V 位置）。

（2）确保 51/430 单片机核心板、PESER 接口板、PEDISP1 接口板左上角的电源开关拨至右侧（ON 位置），打开实验装置工位下方的总开关（向上拨至 ON 位置），此时 51/430 单片机核心板、PESER 接口板、PEDISP1 接口板左上角的红色电源指示灯应点亮，表示设备已正常通电。

（3）DS1302 连线：将核心板 MSP430 单片机的 P1.0、P1.2、P1.3 分别连接到 PESER 接口板实时时钟单元的 SCLK、I/O、RST，如图 7.14.1 所示。

（4）液晶显示连线：将核心板 MSP430 单片机的 P1.4、P1.5、P1.6、P1.7 分别连接到 PEDISP1 接口板 LCD 128 ×64 液晶显示单元的 RS、R/W、E、RESET，将液晶模块下方的开关拨至 "串行" 位置，如图 7.10.1 所示。

（5）运行 CCS 环境编写程序并编译生成代码，并将代码使用 MSPFET 软件下载到单片机。

3. 实验现象

全速运行程序，观察 LCD 128 ×64 液晶模块显示的实时时钟数据。

【实验拓展】

编写程序，通过计算来实现农历、闰年的显示。

实验 7.15　MAX705　"看门狗"　实验

【实验目的】

掌握 MAX705 外部"看门狗"控制器的使用方法。

【实验设备】

（1）PC 计算机	1 台
（2）51/430 单片机核心板	1 块
（3）PESER 接口板	1 块
（4）PEIO 接口板	1 块

【实验内容与步骤】

1. 实验内容

"看门狗"（WatchDog）是一个定时器电路，一般有一个输入（喂狗）、一个输出（用来接入 MCU 的 RST 引脚），当 MCU 正常工作的时候，会每隔一段时间向"看门狗"输出一个喂狗信号给"看门狗"清零，如果在规定的时间没有喂狗（一般在程序跑飞，即发生死机），"看门狗"定时器就会向 MCU 输出复位信号，使 MCU 重新运行。

在本实验中，控制 1 位 I/O 输出连续的脉冲信号到 MAX705（喂"看门狗"），当移除该 I/O 与 MAX705 的导线时（停止喂狗，模拟 MCU 死机），观察"看门狗"RST 输出端的变化。

在实际应用中，"看门狗"的输出会接入 MCU 的复位以便让程序重新运行。在本实验中，为了便于观察，将"看门狗"的输出端接入发光二极管。当发光二极管点亮时，即表示"看门狗"输出了复位信号。

实验电路如图 7.15.1 所示。

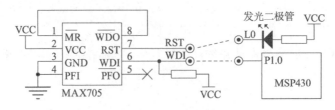

图 7.15.1　实验电路

2. 实验步骤

（1）在实验装置断电状态下，将 51/430 单片机核心板、PESER 接口板、PEIO 接口板正确安装在底板上，并将 51/430 单片机核心板左侧的 3 档拨动开关拨至"430 下载"

位置、PESER 和 PEIO 接口板右上角的高电平切换开关拨至右侧（3.3V 位置）。

（2）确保51/430 单片机核心板、PESER 接口板、PEIO 接口板左上角的电源开关拨至右侧（ON 位置），打开实验装置工位下方的总开关（向上拨至 ON 位置），此时 51/430 单片机核心板、PESER 接口板、PEIO 接口板左上角的红色电源指示灯应点亮，表示设备已正常通电。

（3）实验连线：将核心板 MSP430 单片机的 P1.0 连接到 PESER 接口板"看门狗"单元的 WDI，再将"看门狗"的输出 RST 连接 PEIO 接口板发光二极管 L0，如图 7.15.1 所示。

（4）运行 CCS 环境编写程序并编译生成代码，并将代码使用 MSPFET 软件下载到单片机。

3．实验现象

全速运行程序，P1.0 不断输出信号喂狗，使"看门狗"定时器不断被清零，发光二极管 L0 保持熄灭（"看门狗"未输出），当移除 P1.0 导线时（停止喂狗），"看门狗"定时器不被清零，在超时后输出复位信号（发光二极管点亮）。

【实验拓展】

本实验例程为了说明问题，在主程序中执行喂狗操作，当在程序庞大复杂的情况下，如何实现定时喂狗？

实验 7.16　AT24C02 串行 EEPROM 读写实验

【实验目的】

（1）学习 IIC 总线通信编程方法。
（2）掌握 AT24C02 串行 EEPROM 芯片的使用。

【实验设备】

（1）PC 计算机　　　　　　　　1 台
（2）51/430 单片机核心板　　　　1 块
（3）PESER 接口板　　　　　　　1 块
（4）PEDISP1 接口板　　　　　　1 块

【实验内容与步骤】

1．实验内容

使用单片机 I/O 口模拟 IIC 总线，向 AT24C02 写入 8 个伪随机数后再读出，将读写结果通过 LCD 128×64 液晶模块显示，如果读出的数据与写入的数据一致，说明读写正确。

实验电路如图 7.16.1 所示。

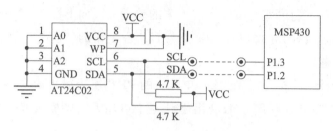

图 7.16.1　实验电路

2. 实验步骤

（1）在实验装置断电状态下，将 51/430 单片机核心板、PESER 接口板、PEDISP1 接口板正确安装在底板上，并将 51/430 单片机核心板左侧的 3 档拨动开关拨至"430 下载"位置、PESER 接口板右上角的高电平切换开关拨至右侧（3.3V 位置）。

（2）确保 51/430 单片机核心板、PESER 接口板、PEDISP1 接口板左上角的电源开关拨至右侧（ON 位置），打开实验装置工位下方的总开关（向上拨至 ON 位置），此时 51/430 单片机核心板、PESER 接口板、PEDISP1 接口板左上角的红色电源指示灯应点亮，表示设备已正常通电。

（3）AT24C02 连线：将核心板 MSP430 单片机的 P1.2、P1.3 分别连接到 PESER 接口板 EEPROM 单元的 SDA、SCL，如图 7.16.1 所示。

（4）液晶显示连线：将核心板 MSP430 单片机的 P1.4、P1.5、P1.6、P1.7 分别连接到 PEDISP1 接口板 LCD 128×64 液晶显示单元的 RS、R/W、E、RESET，将液晶模块下方的开关拨至"串行"位置，如图 7.16.1 所示。

（5）运行 CCS 环境编写程序并编译生成代码，并将代码使用 MSPFET 软件下载到单片机。

3. 实验现象

全速运行程序，观察 LCD128×64 液晶模块，读出数据是否和写入数据一致。

【实验拓展】

如果单片机系统使用更高的主频，应对程序做哪些修改才能正确读写 AT24C02？

实验 7.17　DS18B20 数字温度传感器实验

【实验目的】

（1）学习单总线读写控制方法。

（2）熟悉 DS18B20 数字温度传感器的工作原理和使用方法。

【实验设备】

（1）PC 计算机　　　　　　　　1 台

（2）51/430 单片机核心板　　　　1 块

（3）PESER 接口板　　　　　　　1 块

（4）PEDISP1 接口板　　　　　　1 块

【实验内容与步骤】

1. 实验内容

使用单片机 I/O 口对 DS18B20 进行操作，实现温度的采集，并通过 LCD 128×64 液晶模块显示。实验电路如图 7.17.1 所示。

2. 实验步骤

（1）在实验装置断电状态下，将 51/430 单片机核心板、PESER 接口板、PEDISP1 接口板正确安装在底板上，并将 51/430 单片机核心板左侧的 3 档拨动开关拨至"430 下载"位置、PESER 接口板右上角的高电平切换开关拨至右侧（3.3V 位置）。

（2）确保 51/430 单片机核心板、PESER 接口板、PEDISP1 接口板左上角的电源开关拨至右侧（ON 位置），打开实验装置工位下方的总开关（向上拨至 ON 位置），此时 51/430 单片机核心板、PESER 接口板、PEDISP1 接口板左上角的红色电源指示灯应点亮，表示设备已正常通电。

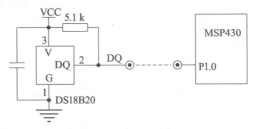

图 7.17.1　实验电路

（3）DS18B20 连线：将核心板 MSP430 单片机的 P1.0 连接到 PESER 接口板温度传感器单元的 DQ，如图 7.17.1 所示。

（4）液晶显示连线：将核心板 MSP430 单片机的 P1.4、P1.5、P1.6、P1.7 分别连接到 PEDISP1 接口板 LCD 128×64 液晶显示单元的 RS、R/W、E、RESET，将液晶模块下方的开关拨至"串行"位置，如图 7.17.1 所示。

（5）运行 CCS 环境编写程序并编译生成代码，并将代码使用 MSPFET 软件下载到单片机。

3. 实验现象

全速运行程序，观察 LCD 128×64 液晶模块，应显示 DS18B20 采集到的温度。

【实验拓展】

在一个单总线工作方式下（仅用 1 个 I/O 口），同时读取多个 DS18B20 实现多路温度采集？各个 DS18B20 的数据如何区分？

实验 7.18 红外通信实验

【实验目的】

了解红外通信知识，能够应用红外进行无线控制设计。

【实验设备】

（1）PC 计算机	1 台
（2）51/430 单片机核心板	1 块
（3）PESER 接口板	1 块
（4）PEDISP1 接口板	1 块

【实验内容与步骤】

1. 实验内容

使用单片机 I/O 口接收来自红外遥控器的串行数据，对这组数据进行解码，获取来自遥控器上各按键的编码值，并通过 LCD 128×64 液晶模块显示编码和按键。实验电路如图 7.18.1 所示。

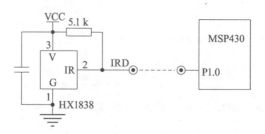

图 7.18.1 实验电路

2. 实验步骤

（1）在实验装置断电状态下，将 51/430 单片机核心板、PESER 接口板、PEDISP1 接口板正确安装在底板上，并将 51/430 单片机核心板左侧的 3 档拨动开关拨至"430 下载"位置、PESER 接口板右上角的高电平切换开关拨至右侧（3.3V 位置）。

（2）确保 51/430 单片机核心板、PESER 接口板、PEDISP1 接口板左上角的电源开关拨至右侧（ON 位置），打开实验装置工位下方的总开关（向上拨至 ON 位置），此时

51/430 单片机核心板、PESER 接口板、PEDISP1 接口板左上角的红色电源指示灯应点亮，表示设备已正常通电。

（3）红外接收连线：将核心板 MSP430 单片机的 P1.0 连接到 PESER 接口板红外接收单元的 IRD，如图 7.17.1 所示。

（4）液晶显示连线：将核心板 MSP430 单片机的 P1.4、P1.5、P1.6、P1.7 分别连接到 PEDISP1 接口板 LCD 128×64 液晶显示单元的 RS、R/W、E、RESET，将液晶模块下方的开关拨至"串行"位置，如图 7.17.1 所示。

（5）运行 CCS 环境编写程序并编译生成代码，并将代码使用 MSPFET 软件下载到单片机。

3. 实验现象

全速运行程序，按遥控器任一按键，观察 LCD 128×64 液晶模块，应显示遥控器编码及按键码。

【实验拓展】

编写程序，结合 DS1302 实时时钟实验，实现用遥控器重设 RTC，设计一个功能完整的电子万年历。

实验 7.19　音乐演奏实验

【实验目的】

控制无源蜂鸣器发出不同的音阶和时间，播放一首音乐。

【实验设备】

（1）PC 计算机　　　　　　　　1 台
（2）51/430 单片机核心板　　　　1 块
（3）PESER 接口板　　　　　　　1 块

【实验内容与步骤】

1. 实验内容

使用单片机 I/O 控制无源蜂鸣器，演奏《八月桂花香》的音乐。实验电路如图 7.19.1 所示。

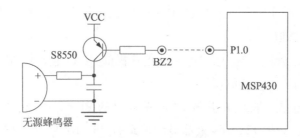

图 7.19.1　实验电路

2. 实验步骤

（1）在实验装置断电状态下，将 51/430 单片机核心板、PESER 接口板正确安装在底板上，并将 51/430 单片机核心板左侧的 3 档拨动开关拨至"430 下载"位置、PESER 接口板右上角的高电平切换开关拨至右侧（3.3V 位置）。

（2）确保 51/430 单片机核心板、PESER 接口板左上角的电源开关拨至右侧（ON 位置），打开实验装置工位下方的总开关（向上拨至 ON 位置），此时 51/430 单片机核心板、PESER 接口板左上角的红色电源指示灯应点亮，表示设备已正常通电。

（3）用一根导线将 P1.0 连接到 PESER 接口板无源蜂鸣器 BZ2，如图 7.19.1 所示。

（4）运行 CCS 环境编写程序并编译生成代码，并将代码使用 MSPFET 软件下载到单片机。

3. 实验现象

全速运行程序，无源蜂鸣器演奏《八月桂花香》的音乐。

【实验拓展】

编写程序，使无源蜂鸣器演奏一首流行音乐。

实验 7.20　串并转换实验

【实验目的】

熟悉并掌握串转并的 I/O 扩展方法。

【实验设备】

（1）PC 计算机　　　　　　　　　　1 台
（2）51/430 单片机核心板　　　　　1 块
（3）PESER 接口板　　　　　　　　1 块
（4）PEIO 接口板　　　　　　　　　1 块

【实验内容与步骤】

1. 实验内容

使用单片机 I/O 口控制 74HC164 的串行数据输入端口，实现串入并出的转换，并验证转换数据的正确性。实验电路，如图 7.20.1 所示。

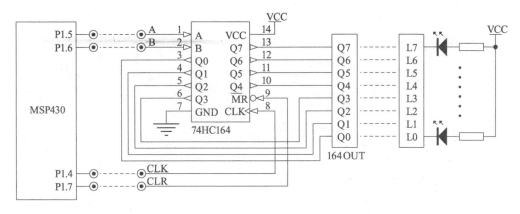

图 7.20.1　实验电路

2. 实验步骤

（1）在实验装置断电状态下，将 51/430 单片机核心板、PESER 接口板、PEIO 接口板正确安装在底板上，并将 51/430 单片机核心板左侧的 3 档拨动开关拨至 "430 下载" 位置、PESER 和 PEIO 接口板右上角的高电平切换开关拨至右侧（3.3V 位置）。

（2）确保 51/430 单片机核心板、PESER 接口板、PEIO 接口板左上角的电源开关拨至右侧（ON 位置），打开实验装置工位下方的总开关（向上拨至 ON 位置），此时 51/430 单片机核心板、PESER 接口板、PEIO 接口板左上角的红色电源指示灯应点亮，表示设备已正常通电。

（3）用导线将核心板上 MSP430 单片机的 P1.4、P1.5、P1.6、P1.7 分别连接到 PESER 接口板上的串转并单元的 CLK、A、B、CLR，再用 8 芯排线将串转并单元的 Q7～Q0 连接到 PEIO 接口板发光二极管单元的 L7～L0，如图 7.20.1 所示。

（4）运行 CCS 环境编写程序并编译生成代码，并将代码使用 MSPFET 软件下载到单片机。

3. 实验现象

全速运行程序，循环将 0X55（01010101）、0XAA（10101010）两个串行数据发送到 74HC164，观察发光二极管显示，应是不断跳变的间隔亮灭。

【实验拓展】

编写程序，让 74HC164 控制发光二极管实现 8 位流水灯。

实验 7.21　并串转换实验

【实验目的】

熟悉并掌握并转串的 I/O 扩展方法。

【实验设备】

(1) PC 计算机　　　　　　　　　1 台
(2) 51/430 单片机核心板　　　　1 块
(3) PESER 接口板　　　　　　　1 块
(4) PEIO 接口板　　　　　　　　1 块

【实验内容与步骤】

1. 实验内容

使用单片机 P1.3 ~ P1.7 口控制 74HC165，将来自 8 位逻辑电平开关的并行数据转换成串行数据发送给单片机，单片机在接收到串行数据后再通过 P3 口输出到 8 个发光二极管用于验证转换数据的正确性。实验电路如图 7.21.1 所示。

2. 实验步骤

(1) 在实验装置断电状态下，将 51/430 单片机核心板、PESER 接口板、PEIO 接口板正确安装在底板上，并将 51/430 单片机核心板左侧的 3 档拨动开关拨至 "430 下载" 位置、PESER 和 PEIO 接口板右上角的高电平切换开关拨至右侧（3.3V 位置）。

(2) 确保 51/430 单片机核心板、PESER 接口板、PEIO 接口板左上角的电源开关拨至右侧（ON 位置），打开实验装置工位下方的总开关（向上拨至 ON 位置），此时 51/430 单片机核心板、PESER 接口板、PEIO 接口板左上角的红色电源指示灯应点亮，表示设备已正常通电。

(3) 用导线将核心板上 MSP430 单片机的 P1.3、P1.4、P1.5、P1.6、P1.7 对应连接到 PESER 接口板上的并转串单元的 LOAD、CLK1、CLK2、SERI、QH，再用 8 芯排线将并转串单元的 P7 ~ P0 连接到 PEIO 接口板逻辑电平开关单元的 S7 ~ S0 用于并行数据的输入，最后用另一 8 芯排线将单片机 P3.7 ~ P3.0 连接到 PEIO 接口板发光二极管单元的 L7 ~ L0 用于显示转换结果，如图 7.21.1 所示。

(4) 运行 CCS 环境编写程序并编译生成代码，并将代码使用 MSPFET 软件下载到单片机。

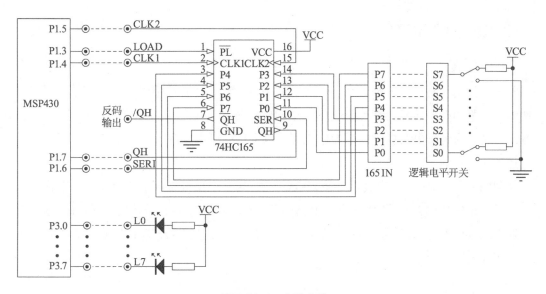

图 7.21.1　实验电路

3. 实验现象

全速运行程序，拨动逻辑电平开关 S7～S7 输入并行数据，观察发光二极管单元 L7～L0，是否输入的并行数据一致。

【实验拓展】

编写程序，采用并串转换的方式扫描 8 位独立按键，再把键值用串并转换的方式通过 PEDISP1 接口板的静态数码管显示。

实验 7.22　继电器控制实验

【实验目的】

（1）了解继电器的工作原理和特点。

（2）掌握利用单片机 I/O 口控制继电器的方法。

【实验设备】

（1）PC 计算机　　　　　　　　1 台

（2）51/430 单片机核心板　　　　1 块

（3）PEMOT 接口板　　　　　　1 块

（4）PEIO 接口板　　　　　　　1 块

【实验内容与步骤】

1. 实验内容

在自动化控制设备中都存在一个电子电路与电气电路的互相连接问题。一方面，要使电子电路的控制信号能够控制电气电路的执行对象（电机、电磁铁、电灯等）；另一方面，又要为电子电路提供良好的电隔离，以保护电子电路和人身的安全，使用继电器便达到这一目的。

利用单片机 P1.0 输出高低电平来控制继电器的断开与闭合，利用发光二极管输入低电平点亮的特性，将 GND 接入继电器的公共端，而继电器的常开端、常闭端分别接入发光二极管 L1、L2，通常情况 L1 点亮、L2 熄灭，而在吸合时 L1 熄灭、L2 点亮。

实验电路如图 7.22.1 所示。

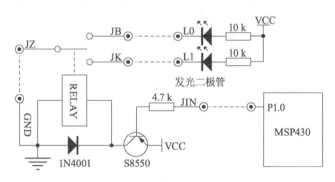

图 7.22.1 实验电路

2. 实验步骤

（1）在实验装置断电状态下，将 51/430 单片机核心板、PEMOT 接口板、PEIO 接口板正确安装在底板上，并将 51/430 单片机核心板左侧的 3 档拨动开关拨至 "430 下载" 位置、PEIO 接口板右上角的高电平切换开关拨至左侧（5V 位置）。

（2）确保 51/430 单片机核心板、PEMOT 接口板、PEIO 接口板左上角的电源开关拨至右侧（ON 位置），打开实验装置工位下方的总开关（向上拨至 ON 位置），此时 51/430 单片机核心板、PEMOT 接口板、PEIO 接口板左上角的红色电源指示灯应点亮，表示设备已正常通电。

（3）用导线将核心板上 MSP430 单片机的 P1.0 连接到 PEMOT 接口板上的继电器单元的信号输出端 JIN（低电平吸合），继电器公共端 JZ 连接 GND（插孔位于核心板），继电器的常开端 JK、常闭端 JB 分别连接 PEIO 接口板发光二极管 L1、L2，如图 7.22.1 所示。

（4）运行 CCS 环境编写程序并编译生成代码，并将代码使用 MSPFET 软件下载到单片机。

3. 实验现象

全速运行程序，继电器循环吸合、断开，同时发光二极管 L1 和 L2 轮替跳变。

【实验拓展】

请思考一下，继电器还有哪些用途，并举例说明。

实验 7.23　步进电机控制实验

【实验目的】

了解步进电机的工作原理，掌握它的转动控制方式和调速方法。

【实验设备】

（1）PC 计算机　　　　　　　　1 台
（2）51/430 单片机核心板　　　　1 块
（3）PEMOT 接口板　　　　　　1 块
（4）PEIO 接口板　　　　　　　1 块

【实验内容与步骤】

1. 实验内容

编写程序，通过单片机 P1.4 ~ P1.7 控制步进电机，使其按一定的控制方式进行转动。实验电路如图 7.23.1 所示。

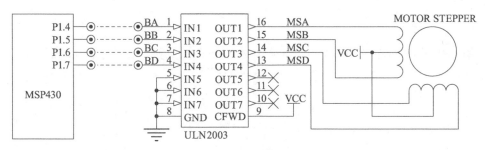

图 7.23.1　实验电路

2. 实验步骤

（1）在实验装置断电状态下，将 51/430 单片机核心板、PEMOT 接口板正确安装在底板上，并将 51/430 单片机核心板左侧的 3 档拨动开关拨至"430 下载"位置。

（2）确保 51/430 单片机核心板、PEMOT 接口板左上角的电源开关拨至右侧（ON位置），打开实验装置工位下方的总开关（向上拨至 ON 位置），此时 51/430 单片机核心板、PEMOT 接口板左上角的红色电源指示灯应点亮，表示设备已正常通电。

（3）用导线将核心板上 MSP430 单片机的 P1.4、P1.5、P1.6、P1.7 分别连接到

PEMOT 接口板上步进电机单元的 BA、BB、BC、BD，如图 7.23.1 所示。

（4）运行 CCS 环境编写程序并编译生成代码，并将代码使用 MSPFET 软件下载到单片机。

3. 实验现象

全速运行程序，步进电机顺时针转动。

【实验拓展】

编写程序，实现用按键来控制步进电机的转动方向和速度。

实验 7.24　直流电机控制实验

【实验目的】

分别用 PWM 控制直流电机转动方向和速度。

【实验设备】

（1）PC 计算机　　　　　　　　　1 台

（2）51/430 单片机核心板　　　　　1 块

（3）PEMOT 接口板　　　　　　　1 块

【实验内容与步骤】

1. 实验内容

编写程序，通过单片机 I/O 以 PWM 方式控制直流电机。实验电路如图 7.24.1 ~ 图 7.24.3 所示。

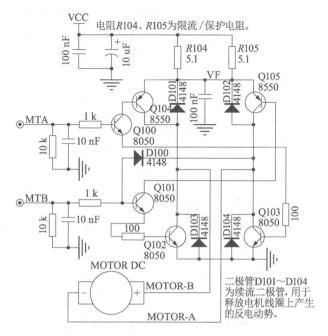

图 7.24.1　直流电机 PWM 控制电路

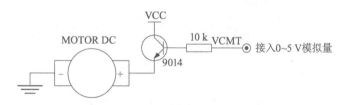

图 7.24.2　直流电机模拟量控制电路

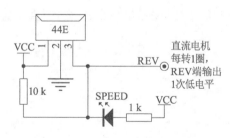

图 7.24.3　直流电机霍尔测速电路

2. 实验步骤

（1）在实验装置断电状态下，将51/430单片机核心板、PEMOT接口板正确安装在底板上，并将51/430单片机核心板左侧的3档拨动开关拨至"430下载"位置。

（2）确保51/430单片机核心板、PEMOT接口板、PESER接口板左上角的电源开关拨至右侧（ON位置），打开实验装置工位下方的总开关（向上拨至ON位置），此时51/430单片机核心板、PEMOT接口板、PESER接口板左上角的红色电源指示灯应点亮，表示设备已正常通电。

（3）PWM 控制（见图 7.24.1）：当输出到 MTA 的电平为高电平时，则 Q100、Q103 导通→Q104 导通→MOTOR_B 点为 VCC（+5V），Q103 导通→MOTOR－A 点为 GND，此时直流电机会正转。由于 Q103 的集电极通过一个二极管 D100 连接到 H 桥的另一个控制端 MTB，将 MTB 控制端电压钳在 1.0V 以下，所以不管输出到 MTB 的信号是高电平还是低电平，Q101、Q102 都会截止→Q105 截止，不会造成 H 桥短路故障。当输出到 MTA 的电平为低电平时，则 Q100、Q103 截止→Q104 截止，输出到 MTB 的电平可以控制电机反转或停机。若输出到 MTB 的电平为高电平，则 Q101、Q102 导通→Q105 导通→MOTOR－A 点为 VCC（+5V），Q102 导通→MOTOR－B 点为 GND，此时直流电机会反转。当输出到 MTB 的电平为低电平时，Q101、Q102 都会截止→Q105 截止，电机停机。用导线将核心板上 MSP430 单片机的 P1.6、P1.7 分别连接到 PEMOT 接口板上直流电机单元的 MTA、MTB，并把直流电机下方的开关拨至 PWM 控制。

（4）模拟量控制（见图 7.24.2）：用 D/A 转换器的输出端连接 PEMOT 接口板直流电机单元的 VCMT，并把直流电机下方的开关拨至模拟量控制。

（5）运行 CCS 环境编写程序并编译生成代码，并将代码使用 MSPFET 软件下载到单片机。

3. 实验现象

全速运行程序，观察直流电机转动情况，直流电机应能正转、停转、反转。

【实验拓展】

（1）编写程序，改变 PWM 占空比，调节直流电机速度。

（2）编写程序，用 D/A 转换器输出电压，以模拟量方式控制直流电机。

（3）参考图 7.24.3，利用单片机的定时/计数器，测直流电机的转速。

参考文献

［1］宗素兰. 微机原理与接口技术、单片机原理及应用实验指导书［M］. 北京：中国工信出版集团 人民邮电出版社，2016.

［2］李精华，梁强. 微机原理与单片机接口技术［M］. 北京：中国工信出版集团 电子工业出版社，2019.

［3］唐颖. 单片机原理与应用及 C51 程序设计［M］. 北京：北京大学出版社，2008.

［4］陈志旺. 51 单片机案例笔记［M］. 北京：机械工业出版社，2015.